U0285959

高球力学

原理与应用

王立军　编著

清华大学出版社
北京

内 容 简 介

本书是一本写高尔夫球的力学书。应用空气动力学、物体运动学原理，对高尔夫球自击出后经历的空中飞行、落地反弹、滑行、滚动直至停止的全过程进行了研究。

本书主要包括两部分内容，一部分为基本理论，包括对空气阻力、空气升力的分析研究；另一部分为应用研究，包括击球后对球起飞、空中轨迹、反弹和滚动的球运动全过程的研究，另外也对推杆时球的滚动做了全方位研究。

图书在版编目(CIP)数据

高球力学：原理与应用/王立军编著. —北京：清华大学出版社，2022.10
ISBN 978-7-302-61913-0

Ⅰ．①高… Ⅱ．①王… Ⅲ．①应用力学 Ⅳ．①O39

中国版本图书馆 CIP 数据核字(2022)第 178323 号

责任编辑：秦　娜
装帧设计：陈国熙
责任校对：赵丽敏
责任印制：丛怀宇

出版发行：清华大学出版社
　　　　网　　　址：http://www.tup.com.cn, http://www.wqbook.com
　　　　地　　　址：北京清华大学学研大厦 A 座　　　邮　　编：100084
　　　　社 总 机：010-83470000　　　　邮　　购：010-62786544
　　　　投稿与读者服务：010-62776969, c-service@tup.tsinghua.edu.cn
　　　　质量反馈：010-62772015, zhiliang@tup.tsinghua.edu.cn
印 装 者：三河市东方印刷有限公司
经　　销：全国新华书店
开　　本：165mm×235mm　　**印　张**：7.25　　**字　数**：133 千字
版　　次：2022 年 11 月第 1 版　　**印　次**：2022 年 11 月第 1 次印刷
定　　价：98.00 元

产品编号：097549-01

序
Foreword

非常荣幸受到清华博士王立军大师的邀约为他的《高球力学——原理与应用》一书作序。王博士是我的高球好友，结构工程大师，他是一位左手将，最好成绩79杆，也可称得上是位业余高手了。从本书可以看出，正是出于对高尔夫炙热的喜爱和多年经验的积累才使得王博士对高球力学有如此深刻的见解。本书中王博士对挥杆、球杆、球、飞行轨迹等各个方面从力学角度进行了深入的分析和解读。以往我们看到的高尔夫书籍都是以动作为主的解释，而王博士采用力学原理清晰全面地分析了整个高尔夫球运动的过程。横看成岭侧成峰，《高球力学——原理与应用》为我们认识高尔夫运动提供了一个全新的视角，无论是对职业选手、业余选手、球杆和球的设计都提供了详细的力学原理依据。《高球力学——原理与应用》立意新颖，视角独到。作为一个球友和从业者能为本书作序感到非常荣幸！也感谢王博士对高尔夫运动做出的贡献和付出！

中国职业高尔夫选手
中国职业高尔夫12个冠军获得者
中国高尔夫巡回赛奖金王

2022 年 6 月 23 日于北京

本书是写高尔夫的,但不是写打球的人,而是写被打的球。对于球手,要想打好球,需要学习击球的原理,如挥杆等。这方面的书很多,像本·侯根、尼克劳斯、老虎伍兹等都出版过这类书。相比之下,写击球人的对立面,即被打的高尔夫球的书不多。究其原因,可能还是从人的角度写顺理成章,而写球有些无从下笔,即使写出来也会枯燥无味。如果说打球体现的是高尔夫爱好者的乐趣,那么写球则是结构工程师研习力学的一个新视角。从这个角度讲,其实写球与打球关系不大,它更像力学爱好者借助高尔夫球这个媒介完成对力学世界的又一次探索。

高尔夫球的运动是球被击打后在空中飞行、在地面滑行滚动的过程。球被击打后以一定的初速度做抛物体运动,因而它本质属运动学范畴。然而,球在空中飞行时会受到空气的作用,这时要用到空气动力学原理,从这个角度讲,又属动力学范畴。因此本书定名为《高球力学——原理与应用》,以全面解释高尔夫球被击打后空中飞行、落地反弹、滑行、滚动直至停止的全过程。

在本书的写作过程中,作者参考了国外经典高球力学和近年来国外最新研究成果。全书由挥杆、球运动(含击球、距离、反弹和滚动、推杆)、理论(含空气阻力、空气升力、基本理论)、一杆进洞四部分组成。

挥杆不是本书的重点,故这里重点介绍基于数据统计的职业挥杆特点,主要参考了《职业挥杆》的内容。这是一本非常好的从科学家角度介绍职业挥杆特点的书,爱好高尔夫的朋友看后都说受益匪浅。希望这一章对大家提升挥杆技术水准有所帮助。有关球运动的内容中有三章,写的是球起飞、空中轨迹、反弹和滚动的运动全过程,还有一章全面介绍了推杆。我的体会是,通过对推杆的反复研习,可以大大提高推杆水准,目前我每场推杆基本保持在 30 杆以内。理论部分结合专业实践即结构设计中有关风工程的体会,对高尔夫球的风阻力进行了深入剖析,厘清了仅属于高尔夫球风工程的一些基本问题。一杆进洞集高尔夫运动的技术、运气和下场次数因素为一体,体现出这项运动的独特魅力,因而也成为本书的点睛之笔。

本书在编排上也独具匠心,全书按章布局,按专题排列,共分86个专题,使球友在阅读时便于找到关注点。这种编排特别适宜现代人生活节奏快、阅读碎片化的特点。

本书自酝酿至完成,共计十五年。其间既包括作者如饥似渴地学习,也包括苦思冥想的钻研,还渗透着作者学以致用的研习。经本人不断地学习—研究—实践的反复迭代,希望这本书读起来不会让人太乏味。当然,如果读起来能达到爱不释手,甚至旁若无人的程度,那是作者最为高兴不过的事情了。

本书读者对象为高尔夫爱好者、球手、教练、研究人员,也可作为高尔夫学习的教材或参考书。在本书的写作过程中,得到了许多业内同仁和高尔夫球友的大力帮助和鼓励。在此特别感谢高7人小队、小孔和小薛对本书出版过程中的支持。由于本人水平有限,写高尔夫力学又属跨界,书中难免存在错误,欢迎广大球友和高球专家批评指正。

王立军

2022.1.1

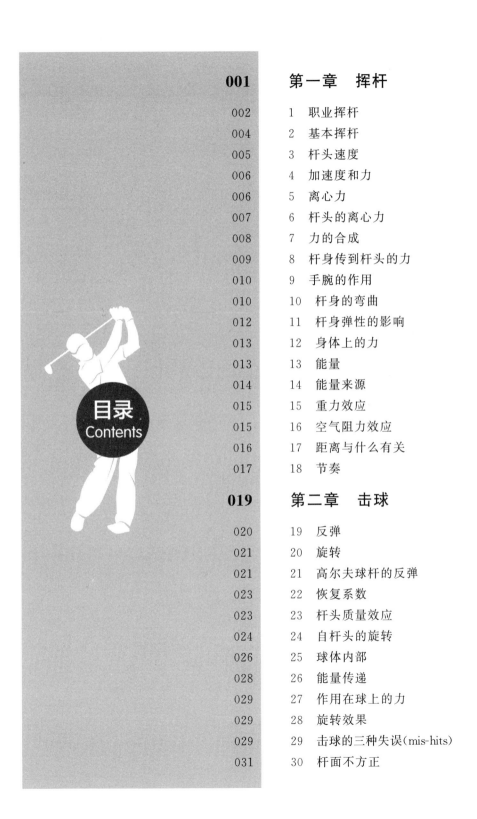

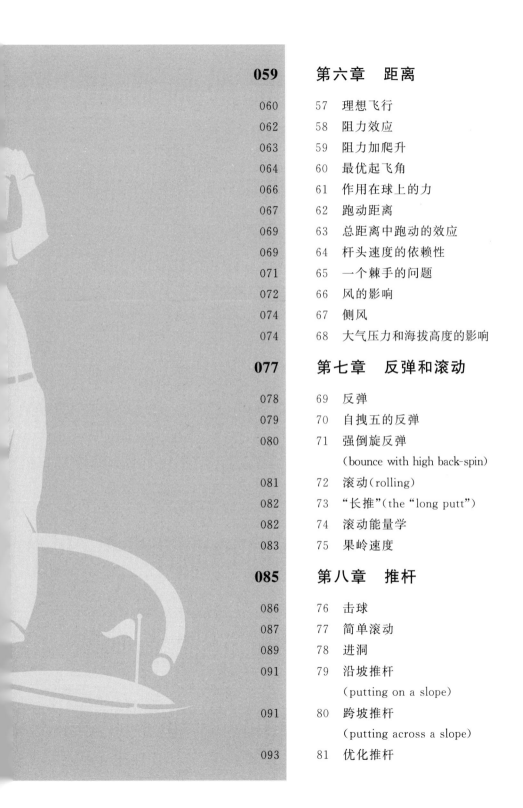

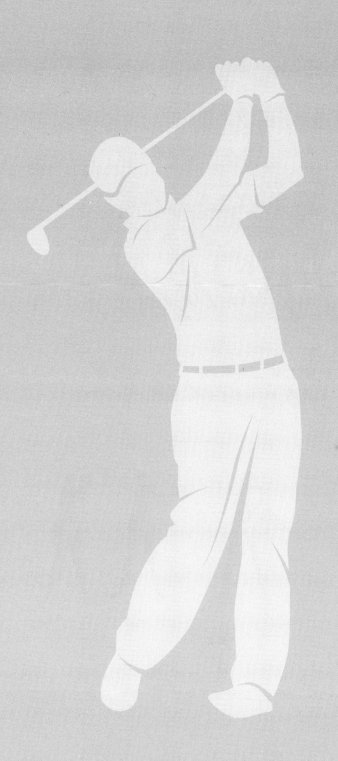

第一章 挥杆

1 职业挥杆

高尔夫最苦恼的是打不远。职业选手打 320 码（1 码＝0.9144 米），不可比；别人打 230 码，比不了。球晃晃悠悠不到 200 码，怎么办，看职业选手挥杆！挥杆分 10 节点，由上杆、下杆、收杆三部分组成（图 1）。

图 1

上杆保持肩-左臂-右臂三角形（图 2（a）），转胯带动上杆并转肩（图 2（b））。胯转 45°，肩转 90°，相当于背部自腰部至肩部转动 45°（图 2（c））。

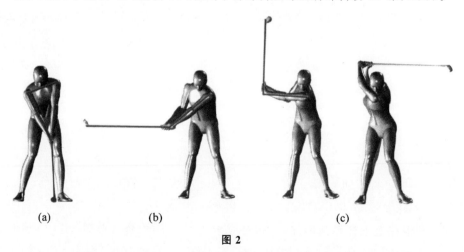

(a)　　　　　　　(b)　　　　　　　(c)

图 2

下杆胯启动，重心前移产生第一力 $F＝ma$（图 3（a）），同时肩背转回 90°产生第二力 $V＝\omega r$（图 3（b）），前脚蹬地产生第三力 $R＝w$（图 3（b）），顺势向下挥杆（图 3（c））击球（图 3（d））。

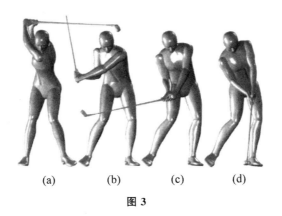

(a) (b) (c) (d)

图 3

收杆(图 4),做事要顺势而为,收杆也是如此。

图 4

小结:高尔夫击球力量的三个来源——重心前移 $F=ma$,转肩背 $V=\omega r$,蹬地 $R=w$。

如果再打不到 230 码,80 杆,我也没辙了,找 Ben Hogan 去吧。

挥杆关键节点:后坐(squat)。在挥杆过程中,有一个十分重要的节点,发生在上下杆转换的那一刻,对应于图 2(c)的位置。此时上杆的所有动作已经完成,身体的重心已移至右脚后跟(左手球手为左脚后跟),全身的力量处于积聚待发之势。在上杆的转体过程中身体会有一个自然向上的趋势,但以这个趋势结束上杆是错误的。因为上杆要以"后坐"结束,即随着上杆过程的转胯动作,大部分身体重量自然转向右侧并落在右脚后跟上,这时身体保持向下并呈螺旋状态。此时你会感到身体处于一个强有力的活跃位置,这种"后坐"姿势牵拉腿部和躯干的肌肉,为有力、可控的以身体带动的下杆做好了准备。因此可以说,有没有"后坐"是高尔夫挥杆过程中能否成功实现转体的试金石。

联系到其他运动的经历,每个人或多或少都能回想起"后坐"的感觉。网球、乒乓球运动的正手击球和棒球手摆好姿势准备挥棒打,都是运动中"后坐"的最好例子。

2 基本挥杆

挥杆线基本上是一个平面,与垂直面成 45°,如图 5 所示。

图 5

每一个球手都有自己的挥杆轨迹。即使对于同一个人,每一次击球挥杆也不一定能保持同一轨迹。然而,对于所有挥杆,无论短的长的,快的慢的,基本性质是相同的。因而,为简化起见,我们的研究将聚焦于标准挥杆。

图 6 为由摄像机拍摄的职业球手的挥杆轨迹。杆和胳臂构成的双杆模型以 0.02 秒的时间间隔展示。下杆的时间是 1/4 秒,杆头速度为 100 英里/小时(1 英里=1.6 千米),拽五(driver,指 1 号木)开球距离为 270 码。

由图 6 可以看出两点:(1)杆头速度在挥杆过程中逐渐加快;(2)挥杆过程的初期杆身滞后于手臂,它们之间保持一个较大的夹角,这个夹角随挥杆过程逐渐减小,最后为零。

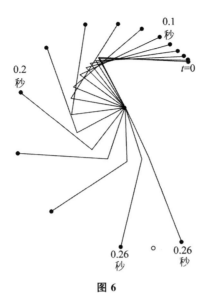

图 6

3 杆头速度

通过测量每一时间间隔杆头行进的距离可以计算出该间隔的杆头速度,由此可以得到速度与时间的关系图,如图 7 所示。

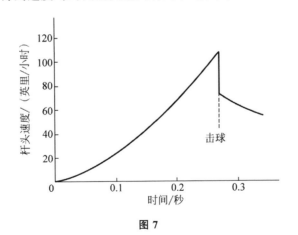

图 7

可以看到初期杆头速度不快,之后杆头逐渐加速,击球时速度可达到107 英里/小时,随后杆头损失动量速度降低。

4　加速度和力

有了与速度相关的时间,我们可以直接计算杆头沿其路径运动的加速度。加速度等于速度的变化率,任意时刻的加速度等于图 7 中曲线的斜率。有了加速度我们可以由牛顿第二定律计算相应的力:力等于杆头质量乘以加速度。

由图 7 速度的斜率计算出加速度,可得到杆头上的力。假设杆头质量为 0.45 磅(1 磅＝0.45kg),经计算我们得到图 8 所示数据。

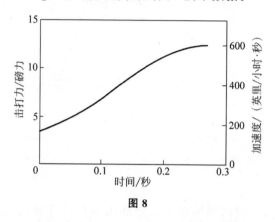

图 8

由图可以看到加速度最高可上升到 600 英里/小时·秒,这是一个很大的数。产生这个加速度的力达到 12 磅力(1 磅力＝4.54 牛顿),为杆头重量的 27 倍。因而杆头的重力效应很小,与之相比可以忽略不计。

图 8 给出了用拽五击球时沿其路径加速产生的击打力。我们发现杆头还有一个很大的力,即向心力。这个力经常会引起误解,因而这里我们将偏离一下主题,对此做一简单解释。

5　离心力

考虑一个简单的例子,在绳的一头拴上一块石头使其做圆周运动。牛顿定律告诉我们,如果石头没有受到任何外力的作用,它将沿初始速度方向做匀速直线运动。在我们的例子中,运动轨迹由直线变为圆形的原因在于绳对石头的拉力,如图 9(a)所示。指向转动中心的加速度叫向心加速度,向内的力叫向心力。如果我们从石头的角度考虑这个问题,会得到一个等价的描述。这时石头受到两个力作用,即向内的向心力和向外的离心力,如

图 9(b)所示。这两个力大小相等、方向相反、相互抵消,因石头所受的力为
0,结果是石头与圆心保持一个不变的距离做圆周运动。

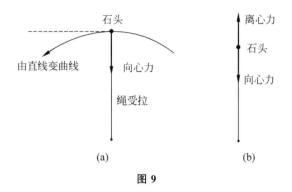

图 9

离心力这一名称的描述符合我们的直觉。例如,我们熟悉的离心力包
括汽车突然转向时给我们身体的感觉,在游乐场乘坐飞车的感受。

6 杆头的离心力

杆头的离心力由下面方程给出:

$$力 = \frac{杆头质量 \times (杆头速度)^2}{半径}$$

可以看到,力与杆头速度的平方成正比,即 2 倍的速度产生 4 倍的离心力。

现在我们可以计算杆头的离心力及挥杆过程中其变化情况,结果见
图 10,可以看到杆头与球撞击时离心力达到 60 磅力。

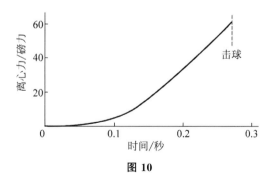

图 10

将离心力与杆头的击打力进行比较也很有趣,见图 11。我们看到在挥
杆的前半程离心力小于击打力,之后离心力超过击打力,击球时离心力是击
打力的 5 倍。

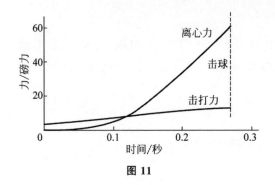

图 11

7　力的合成

　　我们计算了作用于杆头的力,但还需要知道这对球手意味着什么。第一步是了解通过杆身作用于杆头的力。此时杆身有两个力,沿杆头行进路径的击打力和与之垂直的向心力,见图 12。

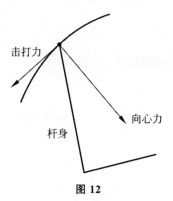

图 12

　　第二步求合力。力的合成准则很简单,每个力以带箭头的直线表示,其长度正比于力的大小,方向指向力的作用方向。两个力按平行四边形法则求得合力,如图 13 所示。两个力为直角边,对角线的箭头表示合力的方向,长度表示合力的大小。

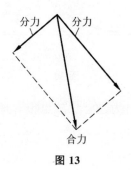

图 13

8 杆身传到杆头的力

为得到由杆身作用于杆头的合力,我们需要用前面的法则将向心力与击打力进行合成。图 14 表示下杆阶段杆头的合力,图中给出力的大小和方向。早期阶段力与杆身的夹角很大,开始时大约为 50°。这一阶段杆头的力可看成一部分在推杆头,另一部分在拉杆头。随着下杆过程,离心力将起主导作用,此时杆头的力与杆身的夹角变小。挥杆结束时杆头的力沿着杆身方向,此时杆身基本上处于受拉状态。杆身与杆头路径存在夹角,这使得离心力可分解成两个相互垂直的力,其中沿杆身方向的分力与杆身对球的拉力平衡,与杆身垂直的分力对球有向前推的作用,如图 15 所示。图 16 表示挥杆过程中杆头的力与杆身夹角的变化。

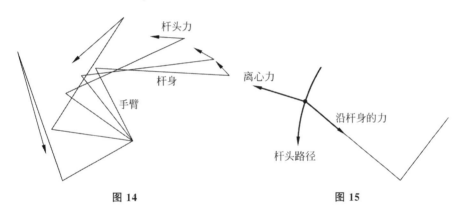

图 14

图 15

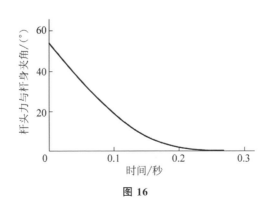

图 16

9 手腕的作用

大多数挥杆，沿杆身的拉力对杆头起控制作用。这表示手腕主要起到轴的作用，不提供很大的扭矩，只是传递给杆头一个垂直于杆身的力。在挥杆的初始阶段需要手腕起到一定的固定作用。图 17(a)表示初期手臂与杆身夹角 60°时的情况。如果手腕完全放松，像轴一样，杆头将变成折刀，手臂与杆身的角度将关闭，如图 17(b)所示。手腕翘起程度有一个生理极限，在下杆初期的 1/10 秒，手臂与杆身的夹角保持不变，这个效果可由基本挥杆的图 6 看出。手臂与杆身夹角的稳定性表示下杆初期手腕对杆身有一个扭矩作用，结果是扭矩阻止了手臂-杆身夹角的闭合，如图 18 所示。

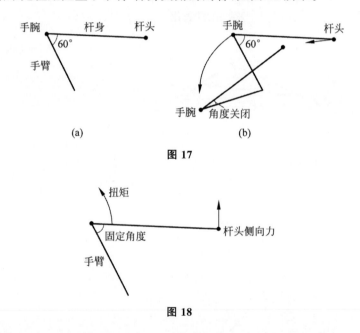

图 17

图 18

开始下杆时，垂直于杆身作用于杆头的侧向力约为 2 磅力。这个力随下杆进程逐渐减少，挥杆后期作用于杆头的力的方向与杆身方向逐渐一致。

10 杆身的弯曲

挥杆时作用于杆头的力导致杆身弯曲，最大弯曲出现在挥杆的早期，当杆向后拉时杆身向后弯曲，如图 19 所示。杆头处向后弯曲的最大距离约为 3 英寸(1 英寸≈2.54 厘米)。

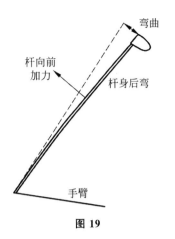

图 19

杆身的弯曲可通过试验进行测试,如图 20 所示,将球杆的握把一侧固定于台钳,在杆头一侧加载。弯曲程度取决于杆身材料,一个标准的杆身在 1 磅力加载下将下弯 1.5 英寸。这意味着一个垂直于杆身的 2 磅力将使杆头下弯 3 英寸。

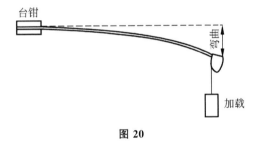

图 20

相关试验还测试了球杆的自振频率。握把一侧仍由台钳固定,给杆头一个向下的位移然后释放杆头,杆头将和杆身一起振动,振动频率为 4～5 次/秒,标准杆身与硬杆身的频率差异很小,约为 15%。

图 21 给出正常下杆时杆身弯曲图。挥杆至一半时,施加到杆身的扭矩消失,杆身开始挺直。最后阶段杆身反向弯曲,杆头领先于杆身运动。这完全由于杆身的反弹,是对前期杆身向后弯曲的反应。这一阶段,如果杆身固定在台钳里,其作用更像一个轴。

杆头向前弯曲的主要原因是杆头重心与杆身线的偏置引起,如图 22(a)所示,标准偏置为 1 英寸。正像我们前面看到的,杆头有一个很大的离心力,这个力作用在杆头重心,由此产生的扭矩使杆身向前弯曲,如图 22(b)所示。

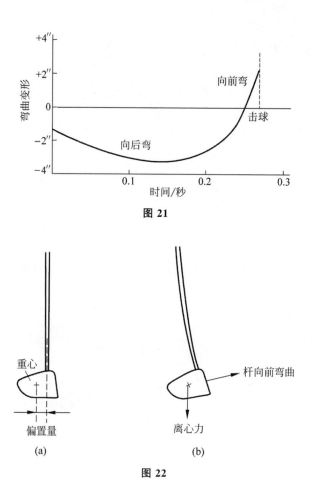

图 21

图 22

11 杆身弹性的影响

杆身存在弹性使得击球时杆头有向前弹的趋势。这看似对击球有利，但实际情况并非如此。我们通过试验来说明这个问题。挥杆时杆身弯曲意味着有部分能量储存于杆身，这表示此时杆头上的能量会减少。能否将储存于杆身的能量传递到杆头，取决于球手挥杆节奏与杆身弹性的匹配情况。

杆身弹性还会影响球杆的有效 loft。杆身弯曲会使有效 loft 增加，例如一个 loft 为 9° 的球杆，杆身弯曲会增加 4° 的杆面倾角使有效 loft 变为 13°。Loft 的这一变化能否化为优势取决于球杆 loft 与球手最优 loft 是否一致。一般来说，杆身弹性对球飞行距离的影响为 ±10 码。关注此问题的球手在选择球杆的 loft 时会考虑这一点。

12　身体上的力

我们已经看到在挥杆早期手腕是锁住的以抵抗球杆加速时的扭矩。杆头的侧向力为 2 磅力,我们可以想象杆头有一个 2 磅的物体,这个质量对手腕产生了可观的扭矩,好在它在手腕的控制能力之内。

在分析作用在身体上的力时,我们发现,挥杆是在一个与垂直面成一个角度的平面上进行,即使在下杆到达底部时身体中仍存在水平向的力。对一个典型挥杆进行分析,我们会发现在上杆达到顶部时有一个向上的 10 磅力作用在身体上。下杆达到水平位置时作用于身体上的力达 60 磅力,为水平方向。下杆到达底部时存在着向下和水平两个方向的分力,各为 70 磅力,合力为 100 磅力。这个力会传到脚部,结果好像体重增加了 70 磅一样。

13　能　量

挥杆的主要目的是以高速击打球,这需要高的杆头速度。达到高的杆头速度需要在短时间内为杆头提供更多的能量,即需要大的功率。

我们知道,人所能达到的功率仅为 1 马力(1 马力＝735 瓦特,瓦特的定义为 1 焦耳/秒)的很小一部分,一个顶级的运动员能够达到的功率接近半马力。

下面我们看一下肌肉中的能量来源。肌肉所需能量来源于腺苷三磷酸(ATP),它形成于体内碳水化合物的分解,碳水化合物可作为糖原储存在肌肉里。糖原的分解要靠储存在肌肉里的氧气完成,氧气是通过血液循环吸入肌肉里的,这一过程就是通常所说的有氧运动。在这一过程中肌肉需要连续的氧气供应,以维持复杂的生物化学反应并生成 ATP。一个人肌肉能力的强弱受为之提供氧气的肺及循环系统的能力的制约。

然而,当需要在短时间内为肌肉提供能量时,以上的有氧运动过程就来不及实现。这时可以用储存在肌肉里的 ATP 直接为肌肉提供能量,而无需再经过氧气对糖原进行分解生成 ATP 这一过程,这时我们称之为无氧运动。高尔夫的下杆,所需时间不到 1 秒,是一个无氧运动过程。

现在我们考虑挥杆时所需的能量。挥杆的目的是将能量传递至杆头,但在挥杆过程中不可避免地会有能量损失,比如在手臂和杆身中都会有能量损失。这就要求挥杆时提供更多的能量。我们可以通过对挥杆过程进行测量以计算作用于各部分的能量。

图 23 表示下杆时球杆和手臂动能的变化情况。能量单位为焦耳，1 焦耳为 1 瓦特在 1 秒产生的能量。由图 23 可见，球杆和手臂的能量随挥杆进程增加。在下杆的前 2/3 阶段，手臂的动能大于球杆的动能。之后，手臂能量减少，球杆能量增加。

图 24 表示球杆的功率和球杆及手臂的总功率随时间的变化情况。下杆过程中球杆的功率持续增加直至达到最大值 4 马力。球杆及手臂的总功率在下杆半程达到最大值。之后，球杆开始受拉，手臂的大部分功率转换给球杆。

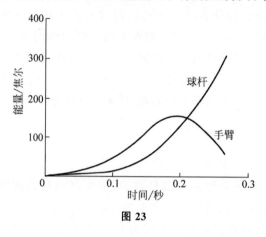

图 23

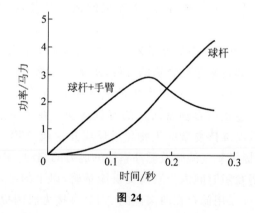

图 24

14 能量来源

挥杆时伴随着复杂的身体运动，因此弄清楚能量的来源很困难。然而，我们可以通过试验估算身体各部分肌肉的作用。

球手用拽五挥杆。首先他仅用手腕挥杆,第二步他用手臂带动手腕挥杆,第三步他仅靠腰部以上的身体挥杆,最后全身运动进行全挥杆,包括腿部肌肉。对每一种挥杆测量击球时的杆头速度,并计算出提供到杆头的能量,结果见表 1,这里传递到杆头的能量以全挥杆能量的百分比表示。

表 1　传递到杆头的能量

运动部位	杆头能量/%
手腕	10
手腕和手臂	20
手腕、手臂和上部身体	40
整体运动(全挥杆)	100

可以看出手腕、手臂、上部身体合在一起传递到杆头的能量不到全挥杆的一半,表明腿部提供超过一半的能量。这个结果可能令人感到吃惊,因为大多数球手都会下意识地认为手臂比腿的贡献大。这个试验结果确认了尼克劳斯的观点"用腿击球"。

15　重力效应

下杆时,重力也对球杆产生作用,这意味着球杆的部分能量来源于重力。从挥杆顶点到击球点,球杆获得的由重力产生的能量约为 4 焦耳。由于球杆总的动能达 300 焦耳,很明显重力效应对球杆的影响是很小的。

下杆时,重力对手臂也产生能量。手臂比球杆下落的距离小但要比杆重很多,一个正常的球手由重力提供给手臂的能量是 30 焦耳。如果将这一能量与图 23 中手臂的能量进行对比,我们会看到重力提供给手臂的能量不小。这个能量的一部分会传递到球杆,准确估算其贡献程度是困难的,但可以肯定这部分能量仅占供给到球杆 300 焦耳能量的很小一部分。

16　空气阻力效应

尽管下杆时杆头的重力会给球杆增加能量,但杆头上的空气阻力也将耗散能量。因此我们猜测大头拽五的引入会增加空气阻力,产生不利效果。

后面将讨论球在空中飞行时的空气阻力。物体上的空气阻力与围绕它流动的空气模式有关,我们将据此对空气阻力做出一个合理的估算。根据气流形式不同,大杆头的能量损失为 10～20 焦耳。杆身的空气阻力也不小,其量级与杆头的能量损失相当,这可能是由于杆身面积较大的缘故。由空气阻力造成的杆头和杆身的能量损失约为 30 焦耳,占击球能量的 10%,这将使球的飞行距离减少 15 码。

杆头的阻力正比于它的表面积。如果我们选择一个超过普通杆头表面积 50% 的大杆头,能量损失的差别为 5 焦耳,即对于一个典型的拽五开球距离将减少 2 码。

17 距离与什么有关

后面讨论球的距离时我们将看到,拽五击出的距离取决于球起飞时的角度、速度和旋转。挥杆影响杆头速度,由此决定球的起飞速度和距离。正如之前所述,击球时杆头速度每增加 1 英里/小时拽五的距离增加 3 码。

在本章的挥杆分析中,挥杆持续时间为 0.27 秒,击球时杆头速度是 107 英里/小时。这里讲的是全挥杆,下杆时要求身体的转动尽量快。对于球手来说,半挥杆或许会改善击球的准确性,但会导致杆头速度的损失。通过对全挥杆相应部分的分析可以对半挥杆的速度做出估计。如图 25 所示,挥杆始于杆身垂直,我们计算此时的半挥杆,可以得到杆头速度为 94 英里/小时,比正常全挥杆减少 13 英里/小时,这将减少 40 码的击球距离。

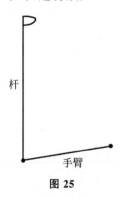

杆

手臂

图 25

杆身初始角表示下杆时杆身与水平线的夹角,图 26 给出杆头速度损失与初始角的关系曲线。采用这一方法我们可以计算杆身处于所有初始角度时杆头的速度损失。

对于全挥杆,可达到的杆头速度取决于球手施加的力。可以看到这里有一个简单的准则,对于慢速和快速挥杆来说,杆头行进的距离基本相同,因而平均速度与挥杆时间成反比。进一步讲,我们可以做个合理假设,慢速挥杆的作用力以类似于我们基本挥杆的方式变化,则击球时杆头速度也与

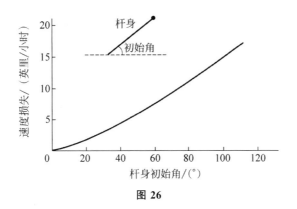

图 26

挥杆时间成反比。例如,如果挥杆慢了 10%,时间为 0.3 秒而不是 0.27 秒,那么击球时杆头速度从 107 英里/小时减少到(0.27/0.3)×107 英里/小时＝96 英里/小时,杆头速度减少 11 英里/小时,距离减少 30 码。

18 节奏

我们经常听到这样的说法,"这个挥杆节奏好",但其实我们并没有可信的关于节奏(timing)的解释。名词"节奏"用起来有时不是很好把握,因为它暗含着对发生在某一时刻事情的安排。这个词更适用于类似网球这样的运动,这些运动要求在合适的时刻击球。对于高尔夫挥杆,更好的描述是协调(coordination),这个词在牛津词典定义为"相互联系的不同部分共同和谐地行动"。

我们在本章中已经看到挥杆存在着三个阶段,需要关注的是它们之间的平顺转换以使其看上去浑然一体。第一阶段是手腕锁住,球杆与臂的夹角保持固定并一起转动。这个阶段,约持续 1/10 秒,期间杆头速度增加的相对较慢。第二阶段,球杆和臂绕手腕自由旋转,臂与杆身的夹角增大。这一阶段向心力起主导作用,在下杆的 2/3 时刻,臂、杆头、杆身成直线。第三也是最后阶段为向外挥杆,此时动能从臂转移到球头。

顶级球手的挥杆是一个连续的过程,它暗藏着臂、身体和腿的协调运动。

第二章 ● 击球

以拽五击球,杆头的触球时间约为1/2000秒。时间如此之短,我们用肉眼什么也看不到,甚至记录到这个过程都成问题,需要非常高速的摄像机才能完成。然而,庆幸的是物理学定律能够为我们揭示触球时发生了什么。首先我们认识到触球时发生了反弹——球弹离杆头。因此让我们首先从球弹离地面这一简单的反弹开始说起。

19　反弹

一个理想的反弹,包括球是完全弹性的,地面是坚硬的且表面完全光滑。

理想的反弹表示为球以速度 v、入射角 α 触地后,以相同的速度 v、相同的反射角 α 弹出。这与我们的经验不一致,我们看到的是,一个高空落下的球落地反弹后不会回到原先的高度,且在后续的反弹中会逐步降低反弹高度直到球落在地面。

真实情况为反弹时球发生变形并通过球的内部摩擦耗散能量,损失的能量变成热能。另一现象也容易看到,即一个并不旋转的球以一定角度撞击地面,离地后开始旋转。旋转是由于球与地面之间的摩擦力产生的,摩擦力同时产生第三个作用——降低球的水平速度。反弹的这些效果由图27说明。球的反弹速度 v_2,总是小于它的入射速度 v_1,但反射角 α_2,可能大于或小于入射角 α_1,这取决于球的类型、表面粗糙度、入射角。

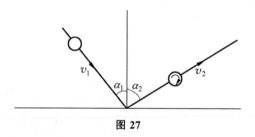

图 27

在以反弹的这些性质分析用球杆击球之前,我们先看一下碰撞时发生了什么。仍以球的地面反弹为例,当球以某一角度到达地面时触地的一侧会被压扁,球会受到一个向上的反力,此时球沿地面滑动,如图28所示。滑动引起水平摩擦力,这个力减慢球的速度同时使球开始滚动。随着变形的增加,球受到的向上的力增加,直到垂直速度为零时这个向上的力不再增加。之后反力产生加速度使球向上运动,球与地面的接触面积减少直至接触完全消失,此时球离开地面。

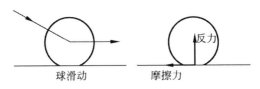

图 28 球滑动

20 旋转

关于旋转有两种情况。如果球触地时与水平线的夹角很小,球触地后可不出现反弹而保持滑动,此后摩擦力的作用会使球停止滑动而转为滚动(旋转)。球以高角度触地时,当球的旋转速度达到一个临界值时,球与地面之间不产生滑动,此时球落地后先是滚动,之后将以滚动旋转方式离开地面,如图 29 所示。

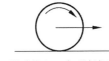

滑动停止,球开始滚动

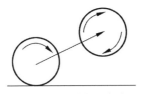

球以滚动旋转离开地面

图 29

21 高尔夫球杆的反弹

现在讨论球杆与球的碰撞,我们首先考虑以一个完美的反弹完成理想化碰撞。杆面与杆身有一个角度,叫做杆面倾角(loft)。我们称为 loft 角 θ。杆头水平击球,不考虑杆身的弯曲,球将以角度 θ 与杆面接触,如图 30 所示。

然而,我们应注意球反弹角的计算。初看球将以 2θ 弹离杆面,实则不然。我们首先假定杆面是静止的,球则看成向杆面运动,如图 31(a)所示。反弹的结果见图 31(b)。

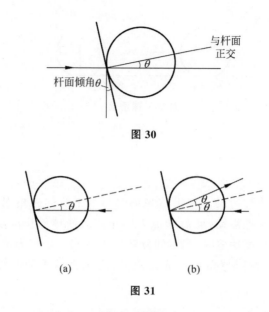

图 30

图 31

反弹对称于正交线,可以看到在杆面静止的假设前提下,球以与水平线成 2θ 的角度离开杆面,此时的球速称为杆头模式球速(图32)。但对于杆头是运动的这一实际情况来说,我们需要将杆头速度加到杆头模式球速上。杆头模式的球速及水平向的杆头速度,其合成的斜线为实际球速。从图的对称性可见,在这一情况下,球以与水平线成 θ 的角度离开杆头,而非 2θ。由图可以看到实际球速大于杆头速度。如果我们假定球以 0° loft 角击出,杆头速度为 v_c,那么在杆头模式中球将以速度 $-v_c$ 到达球杆,并以速度 $+v_c$ 离开。这意味着在这一理想化情况下,球速度变为 $2v_c$。因此对于观察者来说,他会看到一个静止的球,被击打出后具有 2 倍的杆头速度。

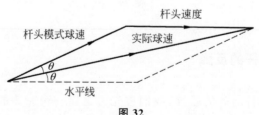

图 32

以上关于杆头与球之间碰撞的计算基于理想化模型,现我们根据实际情况加以修正。

22 恢复系数

我们已经注意到球反弹时产生能量损失,可通过引入恢复系数进行定量描述。如果球以速度 v 正面撞击一个平面并以速度 v' 离开,那么恢复系数可定义为

$$e = \frac{v'}{v}$$

对于一个理想的反弹 $e=1$。一个相反的极端的例子是一个帕迪球落到地面并停在那里,这时 $e=0$。一个高尔夫球弹离坚硬表面的恢复系数是 0.7 左右。即使对一个特定的球 e 值也是不定的,会随球速变化,球速慢的变形通常会小些。

球杆具有弹性使情况变得复杂,杆头的弯曲将改变其与球之间的相互作用力。虽然这一效果使反弹过程复杂化,但我们仍能以离开杆面速度与到达杆面速度之比定义一个有效恢复系数,恢复系数与杆-球之间的相互作用有关。

我们稍后将检验球撞击杆头后的速度和旋转情况。恢复系数的存在使球速降低。我们再次假定一个 $0°$ loft 角的球杆,杆头速度是 v_c,球杆模式下球速由 $-v_c$ 变为 $(1+e)v_c$。因此球离开球杆的速度是 $(1+e)v_c$,而不是完全反弹时的 $2v_c$。

23 杆头质量效应

以上描述中假设杆头很重,因而当杆头与球撞击时球速不变。当然,这是一个完美的假设,实际上杆头触球时球会降速。

拽五的 loft 角较小,球被击出后的速度可由以下方程表示:

$$球速 = (1+e) \times \frac{M}{M+m} \times 杆头速度$$

式中:M 是杆头质量;m 是球质量;系数 $(1+e)$ 表示不完全反弹。忽略球的质量,得到理想化的质量比为

$$\frac{M}{M+m} = \frac{M}{M} = 1$$

杆头质量通常为 7 盎司(200 克),球质量为 1.62 盎司(46 克),即

$$\frac{M}{M+m} = 0.81$$

因此,对于一个标准的拽五,经质量修正将减少 20％的球速。球速随杆头质量的增加而增加,但过大的杆头质量会减低挥杆时的杆头速度,因而需在杆头质量和杆头速度之间权衡利弊。

Daish 做了杆头质量与杆头速度之间关系的试验。图 33 为一个球员用常规杆头质量,以 100 英里/小时的杆头速度击球,杆头速度与杆头质量之间的关系图。图中也给出了质量比 $\dfrac{M}{M+m}$ 随杆头质量 M 的变化关系。从前面的方程可见,球速正比于 $\dfrac{M}{M+m}$ 和 M 这两个参数。

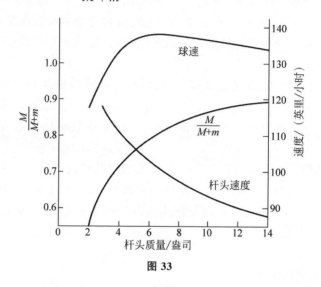

图 33

利用球速方程计算的球速也绘制在图 33 中,取 $e=0.7$。最大球速由 $\dfrac{M}{M+m}$ 和 M 两个参数综合确定,此时杆头质量接近 7 盎司。如前所述,这是实际情况下杆头的一个典型质量,为多年实践的总结。

为便于说明,我们测试的是球手以常规的拽五挥出特定的杆头速度的情况。通过研究大量球手的杆头速度与杆头质量的相互依赖关系,Daish 发现所有球手使球速最大化的杆头质量几乎是相同的。

24 自杆头的旋转

杆头触球时,杆的 loft 造成球在杆面滑动。之后球和杆面之间产生摩擦且随着球被挤压摩擦力增加。这将减慢球在杆面上的滑动速度,并使球开始旋转(倒旋)。这个阶段由图 34 说明,滑动速度降低及旋转速度增加的程度取决于杆的 loft。使球离开杆面前不产生滑动的临界 loft 是 75°左右。由于所有球杆的 loft 均小于此角,我们可以假设球先滑动后滚动离开杆面。

初始球滑动

滑动减少球旋转

滑动停止球开始滚动

图 34

倒旋程度依赖于杆面的 loft 和杆头击球速度。球杆的有效 loft 包括杆身的弯曲效应,考虑这一因素的 loft 称为动力 loft。图 35 表示当一个 13° loft 的拽五和一个 46°loft 的 9 铁(均为动力 loft)击球时倒旋速度的发展过程。

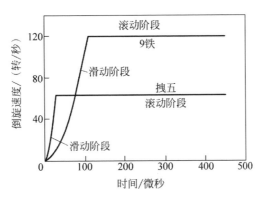

图 35

可以看到两种情况下滑动阶段均短于滚动阶段。拽五产生 60 转/秒的倒旋,9 铁产生的倒旋是拽五的 2 倍。球在飞行过程中倒旋速度的降低是很小的,拽五击出后飞行的 8 秒,球将旋转 400 次。

了解击球时球在球杆上的运动距离也很有趣。对于拽五此值为 1/8 英寸,9 铁是 1/4 英寸。两种情况下运动距离都不大,对击球效果没什么影响。

我们回到杆头的理想反弹状态。假设球的质量与球杆相比可忽略,球将沿与杆面正交的方向离开杆面。考虑实际情况,对恢复系数加以修正,对于常规的杆头质量和球质量,倒旋会使起飞角稍小些。对于一个水平击出的球,起飞角约为(动力)杆面倾角的 0.8 倍,如图 36 所示。

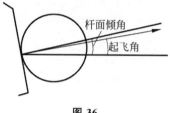

图 36

25 球体内部

以上基于简化的球杆击球的讨论或许给人的印象是球一直保持一个球体形状,撞击只发生在球表面。实际上撞击时球会发生变形。

高速摄像机拍摄了撞击的全过程。图 37 和图 38 显示杆面与球接触后在 250 微秒球会被挤扁,在 350 微秒球发生了膨胀。杆头总的触球时间约为500 微秒。

图 37

图 38

图 39(a)对触球机理进行了解释。杆头刚开始触球时球不受力,接触面积为零。随着杆头向前运动杆头前部的球体被挤压,此时球体的其余部分仍是静止的。球被击打的"信息"以声速按振动波的形式在球中传播,之后球被压缩。从图 39 可看到 150 微秒时球的后半部分被压缩。在多数固体中声速是很快的,为 7000 英里/小时,以这个速度声音穿过直径为 1.68 英寸的球只需 13 微秒。高尔夫球的材料,摸着很硬,其实很软,因此声速将降低很多。这个低速的振动波穿过球体需要 250 微秒,之后球被完全压缩。然后球会像被压缩的弹簧一样开始膨胀,如图 39(a)中 350 微秒的情况,最后在 500 微秒时球离开杆面。

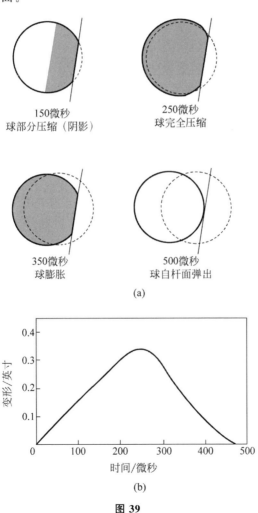

150微秒
球部分压缩(阴影)

250微秒
球完全压缩

350微秒
球膨胀

500微秒
球自杆面弹出

(a)

(b)

图 39

图 39(b)为击球时球的水平方向变形图。可以看到球的最大变形发生在触球过程的中间,变形量为 1/3 英寸。这时球和杆面接触的圆形直径是 1 英寸。我们现在看球怎样获得比杆头更高的速度。达到最大压缩量时球和杆头一起运动,此时球通过压缩储存了能量,在击球过程结束时这一能量得以释放,将球从杆面的前部弹出。由于球的材料具有一定的"黏滞性",部分压缩能将变成热能损失掉,这是导致恢复系数小于 1 和球以相对降低了的速度离开杆面的原因。

26 能量传递

杆与球开始接触时,得到的能量是杆头的运动能量,即动能。在击球过程中,这个能量的一部分传递到球,这包括球向前水平运动的动能和做旋转运动的能量及在球内部产生的能量。球内部产生的能量包括球的压缩能和热能耗散。压缩能部分作为球的动能释放,部分变为热能,其导致的温度升高很小,不到 1℃。

虽然旋转在球的飞行中起重要作用,但与其相关的动能是很小的,小于 1% 的杆头能量。因此,在能量平衡中我们可以忽略旋转能量。

图 40 给出了以拽五击球时能量随时间变化的关系曲线。总体来说,杆头将其能量的 50% 传递到球,其中 40% 转化为球的动能,10% 转化为热能消耗掉。

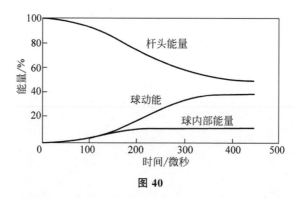

图 40

因此我们说总的击球效率是 40%,几乎没有办法能够显著改变这个值。这已是多年来杆头和球优化设计的结果,这个值也反映了力学的基本原理。

27 作用在球上的力

球与杆头短暂撞击时，作用在球上的力是惊人的，这个力可由牛顿定律计算：

力＝冲量的变化率

球受到的冲量为 mv，等于质量与速度的乘积。这个冲量在 1/2000 秒内完成，力的平均值由 mv 除以时间 t 得到。触球过程中力由零升至峰值，之后又降至零，峰值约为均值的 2 倍。以 120 英里/小时的速度击球，峰值力约为 10000kN，即 20000 倍的球重。换句话说，球的加速度超过 20000g，这里 g 为重力加速度。令人惊讶的是球受到如此大的力的打击竟然不坏。

28 旋转效果

击球时，球的旋转对其飞行起重要作用。倒旋产生抵抗重力的升力，侧旋产生的侧向力使球发生偏转。关于旋转效果的内容将在后面讨论。

这部分我们重点讨论击球失误，其导致的主要后果为球出现侧旋。为了解球飞行时的弧线走向，我们需了解使球产生旋转的力。如图 41 所示，球的侧旋类似于踢足球的弧线球，它是通过触球点偏离球中心实现的。

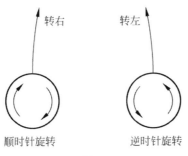

图 41

29 击球的三种失误（mis-hits）

首先定义击球的三种失误，后面将对其进行详细分析。最常见的失误是杆虽朝目标方向运动，但杆面没有方正对准目标，即杆面不方正，见图 42。球以错误方向飞离，带有弧线的旋转使球偏离加重。

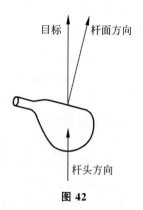

图 42

第二种失误是杆面虽方正但杆头斜向运动。此时杆面方正对准目标，但杆头运动方向与目标线形成一个角度，见图 43。与前面杆面方向的失误相比，初期这个失误的影响要小一些，原因是球在杆面上的滚动会对失误有校正作用。但在后期，校正过度又会加重失误，使球偏离目标。

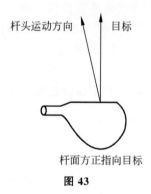

图 43

第三种失误是偏心击球。这时，杆面是方正的，击球方向也没有问题，问题出在击球点未在杆头重心线上，如图 44 所示。此时杆头会发生扭转，使球以一定角度离开杆面，球会出现弧线轨迹。下面我们将逐个对这些击球失误加以论述。

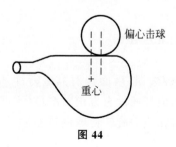

图 44

30　杆面不方正

杆面不方正,表现为球被击出时与目标线成一个角度,这个角度略小于杆面不方正角度。图 45 表示当杆面不方正的角度为 5°时,球以约 4°偏离目标线飞出。

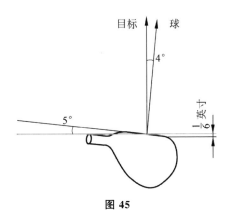

图 45

然而,杆面不方正只是问题的一部分——斜向被击出的球将产生旋转,从而引起侧向力,而这将引入额外的偏差。考虑球以偏离目标线 1°飞离杆面,200 码的拽五,偏离目标线＝200×tan1°＝3.5(码),同时产生的 4 周/秒的侧旋会造成球以弧线飞行,这会使球增加一个 12 码的偏离,共计偏离 15码,见图 46。

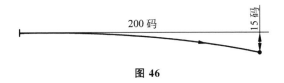

图 46

31　杆头斜向运动

杆头斜向运动,也叫斯莱丝(slice),是一种最为普遍的击球失误。许多高尔夫初学者发现他们用拽五击球时,虽然方正触球,但球被击出后会沿一个向右的大弧线飞行。这一问题对一些球手来说很难改变。斯莱丝是由于杆面对球有一个与球运动方向垂直的拉带作用造成的,即击球"从外到内"(outside in)。此时即使杆面方正对准目标,球仍然会以旋转方式飞出。

有经验的球手能够利用这种打法击出可控的弧线球,这时我们给它一个好听的名字,叫做菲(fade)以取代斯莱丝。类似地,通过"从内到外"(inside out)击球,可打出向左转的球,叫做 draw。对于左手球手,当然,情况与上面相反。

从图 47 可以看出斯莱丝的严重性。图中给出对于一个 200 码的开球,球偏移量与杆头方向偏向角的关系曲线。斯莱丝使球进入荒野,为高尔夫球制造商提供了机会。

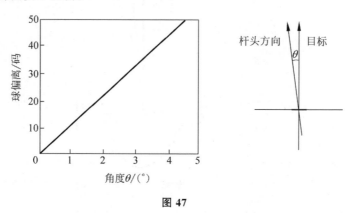

图 47

32　偏心击球

前面两个失误很容易理解。第三种失误,偏心击球要复杂得多。对于一个平的杆面,偏心击球会导致球在飞行过程中出现很大的问题。好在球杆的设计者和制造商已提供了校正措施。

我们先研究偏向杆面趾部的击球情况。偏向杆面颈部的击球与此类似但方向相反。图 48(a)说明杆面偏心击球的效果。杆头与球发生碰撞引起杆头扭转,这会使杆面发生倾斜,这时球离开杆面时与目标线形成一个角度,如

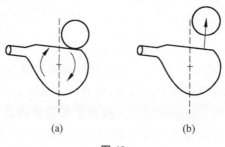

(a)　　　　　　　　　　(b)

图 48

图 48(b)所示。然而,这个失误的影响很小,也就使球偏离几码,主要问题来自球的旋转。球飞行过程中,旋转会对球产生侧向力。对于一个 1/2 英寸的偏心击球,侧向力将使球偏出 30 码——这还是在杆面方正击球的情况下。

我们通常会认为对于图 48 的情况,球将沿顺时针旋转直至滚离杆面,但实际上旋转是逆时针的,见图 49。

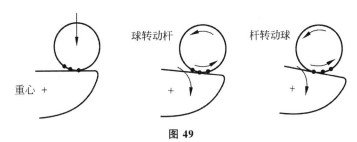

图 49

倾斜的杆面与球发生作用,表现出类似齿轮咬合的效果,故将其称为齿轮效应。现在来看球飞行的轨迹,图 50 表示偏心击球 1/2 英寸时球的飞行轨迹,这里仅考虑齿轮效应,可以看出经过飞行和跑动后球偏离了 30 码。

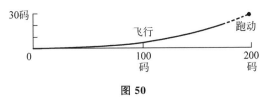

图 50

实际上我们大多数人击球都会偏离中心,但击出的球并没有出现这么大的偏离,原因是在制造球杆时会对因杆面倾斜造成的不利影响进行校正。校正的方法是将杆面做成曲面,使杆面呈现出一个小的向外的凸面。对于拽五,这个凸面的曲率半径是 10 英寸。图 51 表示这个凸面触球时的效果。这时杆面将以某一角度触球,其作用类似于球杆的起飞角,球将以一个角度带侧旋离开杆面。

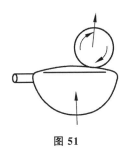

图 51

现在我们将偏心击球的杆面倾斜效应与凸面杆面效应结合起来分析球的飞行情况。偏心击球时杆面倾斜效应与齿轮效应形成的球的飞行路径见图52的"单独齿轮效应";凸面杆面形成的球的飞行路径见图52中的"单独曲面效应"。如果杆面的凸面弧度做得恰到好处,可使两个效应的偏离相互抵消,其结果为球最终回到中心线上。图52给出一个10英寸凸面曲率杆面的飞行轨迹,即图中的"实际轨迹"。

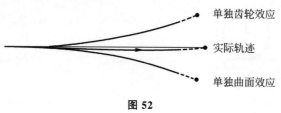

图 52

33 严重击球失误

以上击球失误在打球时时有发生。然而,有一种击球失误很糟糕,如图53所示,此时球击在杆面的边缘,第一种情况会打出高射炮,第二种情况会打成地滚球。以拽五击球时,球被挤压,球和杆面的接触面为圆形,触球过程中这个圆的直径会逐渐增大到1英寸。这意味着对于某些击球,这个圆形会落在杆面的边缘,使球的起飞角变得无法控制,见图54。图55(a)表示以拽五击球时,此类失误的击球位置,阴影部分表示可接受的触球区域,球打在这个区域不会产生击球边缘失误。对于水平不太高的球手,现在普遍流行的大杆头,其优势在于拥有更大的不受边缘失误影响的触球面积,即图55(b)中阴影部分,这就是通常所说的大杆头容错率高。

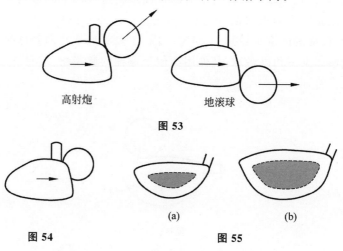

高射炮　　　　　　　　地滚球

图 53

图 54　　　　(a)　　　　(b)

图 55

第三章 空气阻力

高尔夫球的空气动力学是一个有趣的话题。强风下空气对球的飞行产生非常明显的影响,侧风能使飞向球道的球进入长草,顶风令人对开球很失望,而大顺风又给球手创造了拽五最远距离的机会。然而,虽然我们对这些很熟悉,但很少将它们与这样的情况进行比较,即有风或无风状态下球在空气中飞行时,看上去不十分明显但实际上很强的球的阻力和升力效应。

阻力的量级可用简单的例子说明。顶级球手可以击出160英里/小时的球,空中飞行300码落到球道上。如果忽略空气影响,以这个速度将球以45°击出,球将飞行570码,然后反弹和滚动。这样的一个拽五几乎可以攻上所有五杆洞的果岭。

34 牛顿力学

空气阻力物理学首先由牛顿加以研究,他曾对球的阻力进行了计算。计算中他想象球在空气中运动时与静止的空气颗粒碰撞,这个过程将动量转换到颗粒使球受到阻力。在17世纪这是一个聪明的计算。虽然牛顿设想的力学是不对的,但他的计算给出了重要参数。他发现,阻力与空气密度及球的截面面积成正比,他还发现阻力与球速的平方成正比。这里有些是正确的,但现实中速度的变化要复杂得多。无论如何,目前牛顿公式可作为基础公式,实际性能由试验确定,以这个公式的方差形式描述。

牛顿的计算错误在于他假设球与每个空气颗粒的碰撞是独立的。实际上空气由微小的分子组成,这些分子数量非常多,它们之间相互碰撞。对于一个高尔夫球体积大小的空间,存在着成千上百万个(实际上是10^{21})空气分子。分子以1000英里/小时的速度随机运动,每个分子每秒产生成千上百万次碰撞。

当然,揭示如此庞大数量的分子运动是不可能的,了解空气性质的最佳方法是将它看成流体而不是分子的集合体。当高尔夫球沿着它的轨迹飞行时将这个流体压向一侧,由此引起的作用在球上的力正比于空气密度。

空气密度以单位体积的质量表示。前面提到,经常将质量和重量搞混,因此我们可以简单地说,一个给定质量的重量是作用在质量上的重力,1磅的质量具有1磅的重量。当然空气是很轻的,1立方英尺的质量是1.2盎司。然而,拽五击出的1.68英寸直径的球大约扫过10立方英尺的体积,这个体积的空气质量是12盎司。因此我们看到球需扫过比其质量1.62盎司大得多的空气质量,这将产生较大的阻力。

35 气流

在研究球的飞行时,从球的角度着眼易于了解球和空气的相互作用。因此与其顺着球在空气中运行的思路,我们不如将球看成是静止的,而空气环绕其流动。这个画面与风洞试验研究气流环绕静止模型时相同,例如,航天飞机的机翼。图56给出了气流环绕球的简单说明,气流形成的线称为流线。一股气流中空气的每个单元都属于这股气流,两股气流之间的空气存在其间。图56实际上表示的是球的截面情况,三维立体图见图57,我们可以看到实际的气流表面,以及气流绕球流动的情况。

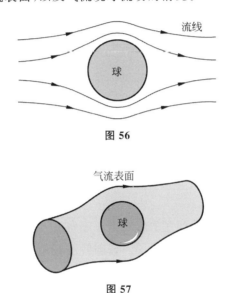

图 56

图 57

36 达朗波特悖论

简单的空气流体理论与图56所示的气流模式一致。但是,当法国数学家达朗波特于18世纪研究这个气流模式时发现没有阻力存在。从图中可知,下部气流与上部气流是一样的,这意味着没有动量从球传到空气,因而也没有力作用在球上。这个问题被称为达朗波特悖论。

简单的流体理论忽略了空气的黏滞性。认识到这一点,悖论问题得以解决。实际上黏滞性是流体的基本属性,我们更熟悉液体的黏滞性,如石油的黏滞性。空气黏性低，因此空气是否像液体一样具有黏滞性，进而具有阻力使球减速还是个谜。

37 斯托克斯模型

爱尔兰物理学家斯托克斯于 19 世纪提出了球的黏滞流动模型。这个模型假设球表面的空气流速为零，离开这个球空气流动是一样的，不受球存在的影响，这两个区域之间的空气流动由黏滞性控制。许多物理系的学生在研究小球在石油或甘油中降落时的速度问题时，利用斯托克斯的阻力方程确定液体的黏滞性。

斯托克斯模型中球在液体中的流动是平顺的，球的黏滞效应扩展到与球大小相同的范围。实际上这个理论不能解释速度大于 4 英尺/小时的球的运动，因而它对高速运动的高尔夫球没有实用价值。

那么高速时会发生什么？斯托克斯理论预测随着速度的增加受黏滞性影响的区域会减少，对于我们感兴趣的速度，如 100 英里/小时，黏滞效应被限制在球表面小于 1 毫米的厚度范围。凭想象如此薄的空气层其对球的影响应该可以忽略。而实际上，这个薄空气层起着关键的作用。

38 边界层

空气绕固体黏滞流动问题的解决由普朗特（Prandtl）于 20 世纪初完成。环绕球表面的薄黏滞层称为边界层。普朗特解释边界层不会绕球一直连续下去，在球后部它将发生分离，如图 58 所示。这个流动着的分离在球后会产生尾流，尾流的空气是湍动的，这时空气的速度会降低，空气速度减慢会增加球的阻力。为知道这是如何发生的，我们需要了解当空气绕球流动时其速度的变化情况，以及这个变化与空气压力的关系。这将我们引向瑞士数学家伯努利的理论，该理论揭示了速度和压力之间的关系。

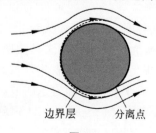

边界层　　分离点

图 58

39 伯努利效应

图 59 为理想气流的流线,我们看到当空气绕球流动时会挤作一团,空气经过变窄了的通道时,流速会加快。因而球侧面的空气流速快,到球后时其速度会降下来,空气速度变化会产生压力差。因空气流速增大压力降低,故处于球前后的空气压力比球侧面的高。空气至球后速度变慢压力增加,这其中的原理可由一个简单的试验加以说明。空气通过一个变径的管子,如图 60 所示,缩径前的空气压力高,至缩径处空气速度增加压力减小,离开缩径处后空气速度降低压力增加。速度与压力的这个关系最早由伯努利提出。

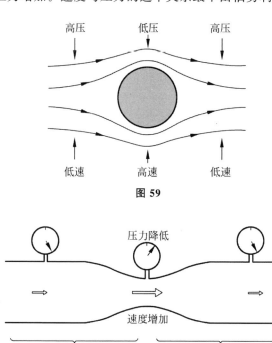

高压　　低压　　高压

低速　　高速　　低速

图 59

压力降低

速度增加

压力逐渐下降　　压力逐渐上升
空气逐渐加速　　空气逐渐减速

图 60

40 气流的分离

现在回到球表面气流分离的真实状态,我们要问为什么会发生气流分离。我们已经看到的气流在球的前后是不对称的,空气在未到达球后就停止了,此时气流从球表面分离。

这个效应可与一辆从山坡上自由滑向山谷的自行车做比较。到达谷底之前自行车一直在加速,如果自行车继续自由滑行驶向另一侧,由下坡产生的动能将逐渐耗尽,自行车最后停下来。如果没有摩擦力自行车将达到与它出发时一样的高度,但摩擦力的存在会使它提前停下来。

类似地,加速通过边界层时空气压力减小,减速通过时压力增加。黏滞性使得这些区域的气流产生不平衡,空气不能最后到达球的后面。图 61 显示空气流动到球后速度减慢,进而形成涡流。

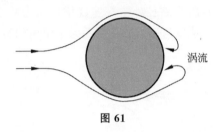

涡流

图 61

41　湍动的尾流

分离后的气流是不规则的,图 62 说明球后形成的处于尾流区域的湍动的涡流具有动能,它来自于球的能量损失,对球表现为阻力使其减速。随着球速的增加,初始阻力以球速的平方增加,2 倍的球速产生 4 倍的阻力。然而,随着球速的进一步增加,达到某一临界速度之后,阻力会发生变化。

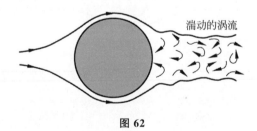

湍动的涡流

图 62

42　临界速度

对于光滑的球,阻力可通过精确的试验测量,高尔夫球大小的光滑的球的阻力如图 63 所示。可以看到球速在 250 英里/小时阻力有一个突变,实际上超过这个临界速度后,随着速度的增加阻力会立即下降,大约在速度刚刚超过 300 英里/小时,阻力降到先前值的 1/3,随后再次上升。

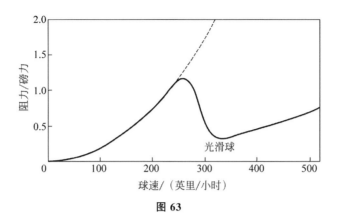

图 63

高尔夫球的速度比这个临界速度低得多,因此,期望高尔夫球的阻力有大幅降低是不现实的。然而,这里存在一个很大的转折,使得高尔夫球飞行时临界速度的性质成为关键因素。

43 球手的发现

发现临界速度对高尔夫球的重要性源自 19 世纪。早期的高尔夫球是由羽毛填充制成的皮球,大约在 1850 年树脂球出现。球由叫做杜仲胶的天然树脂做成,很便宜,球表面光滑很硬,但很不幸树脂球没有毛皮球飞得远。然而很奇怪,随着球变破,表面变粗糙,球飞得远了。很自然,人们做的事是将新球表面打造粗糙而不是等球被打旧。

马上人们将目标转到球的生产过程,最简便的方式是将其直接制成粗糙表面的球,即在球的表面撞击出荆棘的外观。之后,在 1908 年,英国工程师威廉姆·泰勒发明了一项专利,一个倒置的荆棘的模子内布满小坑,由此制作高尔夫球。虽然小坑的形式已发生了变化,但现代高尔夫球的基本性质与泰勒的发明是一样的。

这些高尔夫球在设计上的进展完全凭经验,潜在的物理学知识是个谜。现在我们知道对其的解释为前面说的临界速度,表面粗糙可使临界速度显著降低。现代的有小坑的球的临界速度为 30 英里/小时,这意味着超过这个速度高尔夫球的阻力将减少。这个结论特别令人惊讶,因为直觉会使人觉得球表面粗糙度增加会增加阻力,而事实却相反。

图 64 给出高尔夫球阻力与速度的关系,并与同样大小的光滑球作比较,可以看到对于我们感兴趣的速度,小坑使阻力降低 1 倍。例如,一个速度

100 英里/小时的高尔夫球阻力由 1/5 磅力减小到 1/10 磅力。这一减少很重要,因为对于一个 100 英里/小时的球,阻力减少了一个球的重量(高尔夫球质量 1.6 盎司,即 1/10 磅力)。可以看到当球速超过 100 英里/小时,阻力比球重大得多。

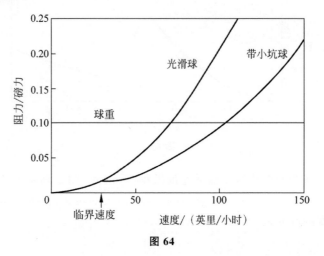

图 64

我们现在知道有两个事需要验证。其一是临界速度时球阻力下降的原因是什么?其二是为什么粗糙表面可以降低临界速度?

44　临界速度时发生了什么?

超过临界速度后,气流形式的变化引起阻力的变化。此时,光滑球表面的狭窄的边界层变为不稳定,如图 65 所示。这时边界层外流速快的空气与球表面流速慢的空气出现湍流混合,并在分离前流向球后,这使得尾流变小、阻力减少。

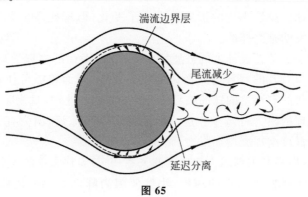

图 65

不稳定与湍流混合的出现依赖于球表面的粗糙度,高尔夫球表面的小坑搅乱了空气的流动,导致边界层湍流过早出现和较低的临界速度。高尔夫球有 400 个小坑,小坑很浅,只有 1/100 英寸,但足以影响比其厚得多的边界层。

阻力减少这一偶然发现改变了高尔夫的性质。没有小坑,一个拽五的距离将减少 100 码。然而,虽然在球的飞行中阻力效应很重要,但它仅是故事的一半。由球的旋转与气流的相互作用引起的升力是同等重要的,这一点我们将在后面加以论述。我们先看一下气象条件的影响来完成阻力这一专题研究。

45 气象条件影响

气象条件对高尔夫球的影响在于空气的密度。三个气象条件影响空气密度,它们是气压、温度和湿度。干燥的空气 21℃时的密度为 2.0 磅/码³,密度与气压成正比,与绝对温度成反比,绝对零度为 −273℃。

英国气压平均变化量为 3%,温度变化量为 5%。然而,经过气压和温度的校正,密度变化量的均值约为 4%,相应阻力的变化范围为 4%。

湿度影响很有趣。体育解说员经常说潮湿的空气密度大,因为含有更多的水蒸气。水分子(H_2O)比氮分子(N_2)和氧(O_2)分子轻,它们的分子质量分别为 18、28 和 32。因此气压相等时,潮湿的空气比干燥的空气轻。当然,如果潮湿天气水蒸气是额外加进空气的,由此引起气压升高,就是解说员所说的结果了。然而,事实要比这复杂。

我们现在知道高湿天气空气轻些,但实际上这里面的变化比预计的大得多。原因是高水蒸气含量更易出现在高温天气,高的空气温度预示着低的空气密度,由此引起的空气密度的变化比湿度引起的大得多。因此,虽然湿度变化对空气密度的变化有影响,但不构成主要因素。

虽然了解这些密度变化很有趣,但它们并不重要。3%的密度变化导致2 码的拽五变化,因而与通常的距离变化相比实在不值得高尔夫球手探究这点差异。

另一个阻力的影响因素是高海拔地区。大气密度随高度减少,每 100 米减少 1%,高海拔球场阻力减少,升力增加,由此引起的对拽五距离的影响将在后面讨论。

最后,我们来看雨的影响。下雨时球与雨滴碰撞使球速降低,球速通常比雨滴速度快因此雨滴可看成是静止的。当球侧面的空气被挤压时雨滴上会产生黏滞力，然而，此黏滞力很小。还好牛顿关于阻力的计算可解释这种情况。用雨滴代替空气颗粒，球在飞行过程中仅撞击不多的雨滴，每个雨滴的质量仅为球的万分之一。雨滴对球产生很小的阻力，其对球速的影响可以忽略，对于拽五距离仅减少 1 码。由此看来雨天对球手击球的影响还是来自天气本身。

第四章 ● 空气升力

球离开杆头时带有高速旋转，拽五击球将产生 60 转/秒的倒旋，高角度的铁杆产生的旋转是这个的 2 倍。旋转的主要效果是在球上产生一个与旋转轴和球运动方向垂直的力，即拽五产生的倒旋和球向前的速度合成为一个向上的力，这个力大于球向下的重力。这种情况下，球初始飞行的弧线是向上的而不是向下。

这个现象现在很容易理解，但的确花费了很长时间才找到合理的科学解释。在这一发现过程中有许多有趣的故事，我们将对关键事件做简要回顾。

许多问题是由牛顿首先解决的。1672 年牛顿给皇家学会的一封信中描述了他的光学理论，在此他做了如下类比："我记得经常看到用倾斜的球拍击出的网球形成这样一个弧线。它是一个由击球引起的行进的圆，球拍的一侧对空气形成压迫，反过来空气对球拍产生反作用压力。"

46　马格努斯-罗宾效应

一个世纪以后，英国数学家和工程师本杰明·罗宾（Benjamin Robins）通过研究火枪弹的飞行解决了空气升力的问题。1742 年他经观察并在一部名为《射击新原理》的书中给出了结论，他指出，"同样的弹膛，对于 10 码的距离，子弹将射在 1 英寸的范围；但对于 100 码的距离，子弹将射在 10 英寸的范围以外。那么这个不均衡只能由子弹弹道侧向弯曲引起。为什么运动不同于通常的想象？原因无疑是子弹获得的绕其自身的旋转运动引发了某种作用。"

在其后的一篇文章中罗宾解释道"几乎所有的子弹通过与弹膛摩擦获得一个旋转运动"。他也描述了一些试验，"薄纸前放置屏幕，它们之间拉开一定距离平行放置，偏转问题可以通过许多方法加以研究。射出的子弹穿过这些屏幕，可以追踪到其飞行轨迹。"

罗宾没有给出试验示意图，但我们可以用图 66 加以说明，它显示了子弹射出通过两个纸屏后在墙上留下的弹痕。

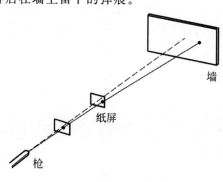

墙

纸屏

枪

图 66

罗宾最先了解和测量了转动物体上产生的侧向力而造成的旋转效应。因而,这个效应更适于叫做罗宾效应,然而,它通常叫做马格努斯(Magnus)效应。在罗宾之后一个世纪,马格努斯在旋转的气缸里做了试验并于1852年发表了论文《发射偏差和旋转体的一个显著现象》。

马格努斯认识到罗宾的贡献,他写道"罗宾在他的《射击新原理》中第一次试图解释这个偏差,认为偏转力是由发射体的旋转产生,当时这个观点已经被认可"。然而,对于罗宾旋转的存在只是一种貌似有理的假设,在马格努斯的试验中旋转可以得到控制,产生的力可直接观察到。他的试验利用一个支承在扭转天平臂上的旋转气缸,由风扇驱动的空气直接作用在气缸上,由此造成的臂的偏转可以直接被观察到。在这一过程中可以确定力的方向与气缸旋转的关系。马格努斯的装置见图67,扭转天平由支承在一根金属丝上的水平梁组成。试验用的气缸支承在梁的端部(右端),另一端为砝码。气缸可以绕其支承部位旋转,风扇的水平气流在气缸上产生侧向力使梁绕支承它的金属丝扭转,由此可以通过旋转气缸测得力的大小和方向。

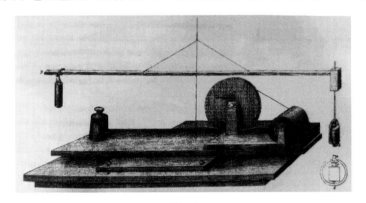

图 67

马格努斯也尝试了对于液体动力效应的解释。虽然现在看来用马格努斯对这一效应进行命名不够恰当,但或许瑞雷爵士(Lord Rayleigh)的论述给出了说明,"真实的解释是许多年前由马格努斯教授给出的",因而,这可能是被称为马格努斯效应的原因。本书将这一荣誉分享与这两个人,并使用马格努斯-罗宾效应这一名称。

47 对于升力的解释

旋转暗含的物理过程的解释最后由普朗特完成,他提出了边界层的概念,解释了物体周围的空气流动,如前文所述。马格努斯-罗宾效应的解释通常出现在体育书籍里,而由体育评论员做出的解释通常是不正确的。

公认的解释为在球的表面,由于球的旋转作用,旋转方向与气流运动方向同向一侧的空气流速快些,反向一侧的空气流速慢些。前面描述的伯努利速度与压力之间的关系,可说明在低速一侧空气的压力会增加,因而产生侧向力。

48　马格努斯-罗宾效应的物理学原理

我们回顾一下边界层的气流经过球表面时发生的事情。黏滞力使边界层的气流减速,其结果是气流在未到达球的后面就发生分离。球带有旋转,旋转方向与气流运动方向同向的气流,其与球表面的相对速度大些,因而黏滞力也较大。较大的黏滞力使得该侧的气流延迟分离,使气流可以继续绕球表面向前运动少许。另一侧气流则过早分离。这个不对称的气流分离模式扭曲了整个气流状态,造成球后的气流偏向,如图 68 所示。

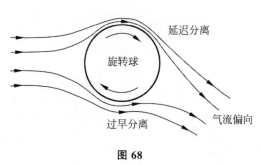

图 68

气流的扭曲产生了一个侧向力,这个力作用在球上,是一个向上的力,即我们所说的球的升力,如图 69 所示。这个升力可以用伯努利原理加以解释。从球两侧的气流来看,上部一侧的流速快些,下部一侧的流速慢些,由此气流形成了一个向上的力使球爬升。

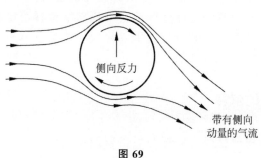

图 69

上述是从球的角度进行描述,现在通过观察球的飞行来发现我们要找的东西。图 69 中空气向右运动,因此我们将看到球向左飞行。作用在球上的力将使球向上偏转,如图 70(a)所示。相反的旋转使球做反向运动,如图 70(b)所示。球杆击球产生倒旋,相当于图 70(a),倒旋在球上引起升力。

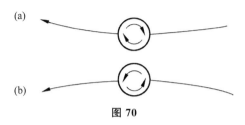

图 70

49　一项简单试验

高尔夫球的马格努斯-罗宾升力效应由球的飞行效果得到了验证。我们不能直接观察到由球的旋转带来的升力,其中的机理需要通过复杂的科学试验或深入的物理学理论分析才能弄清。然而,通过一项简单试验说明一下这个效应是可能的。

将一叠纸卷成松散的筒状,用胶带将其黏结好,在纸筒中间缠一根线绳,拿住绳的另一头让筒落下,筒下落产生旋转,旋转的筒向侧向运动。这个简单的试验说明了马格努斯-罗宾效应。

50　升力是多少?

正如我们已经看到的,高尔夫球的升力物理学包含一个很复杂的过程。在相关的速度范围边界层变成湍流,两侧不同的分离导致湍流尾流发生偏离。因而,没有简单的升力大小的计算方法,它随旋转和球速变化。所以,我们的结论来源于试验。

经典的试验工作由熊人(Bearman)和哈维(Harvey)完成,他们在风洞里进行了阻力和升力的测量。为达到合适的条件,他们采用 2.5 倍正常高尔夫球大小的高尔夫球模型,并将结果按比例换算成正常高尔夫球。模型内部是空的,将空壳一分为二以安装发动机和支承,球绕支承线旋转,构造见图 71。

球通过一根细线悬吊,第二根线与球的下部相连,穿过风洞板并带有配重以保持旋转轴垂直,两根线也用来为球内的发动机供电。下部的支承线与应变仪相连以测量球的升力,用于旋转的轴是垂直的,因而"升力"实际上

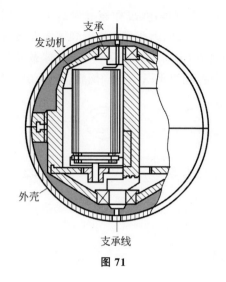

图 71

是横向的。

熊人和哈维的成果已用于计算典型高尔夫球的升力变化。转速通常以转/分表示,但由于球的飞行时间以秒计量,我们将直接用转/秒计量。一个典型的 60 转/秒的拽五其升力随速度的变化见图 72。由于拽五可以击出160 英里/小时的球速,可以看到升力很容易超过球重,这意味着在球飞行的初期,球速不是很慢时,表现出仿佛它具有负重量。

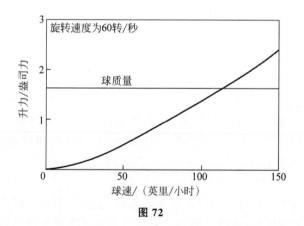

图 72

球的旋转依赖于 loft 角和杆头速度。一个杆头速度为 100 英里/小时的拽五,球以 30~70 转/秒的旋转离开杆头,这个旋转速度与 loft 角有关,此时球速可达到 140 英里/小时。图 73 表示球的升力随旋转速度增加而增加。很明显拽五的击球距离与旋转有关,这将在后面进行分析。

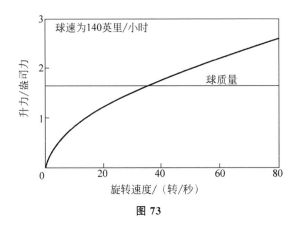

图 73

51 旋转能量学

旋转的球具有旋转动能。旋转速度为 60 转/秒的高尔夫球具有 0.6 焦耳的旋转动能。这个值很小,可以形象地比较一下,一个以 100 英里/小时运动的球的动能是 46 焦耳。

旋转给球带来的升力可以分解出一个竖向升力,这个力使球的竖向运动能量发生变化。当球离开拽五的杆头时,在头一秒竖向升力使球的竖向动能增加约 4 焦耳。由于它比旋转动能大得多,很显然球上升所需的动能不是由旋转动能提供的。那么这一能量从哪儿来呢?

问题的解释出乎意料。由于升力与球的速度方向垂直,故这个力给到球的总能量为零。升力的竖向分量传递到球的能量来自于由球的水平运动提取能量。如图 74 所示,升力的水平分量与水平速度方向相反,因而球速降低,由此减少的能量转化为球的竖向运动。

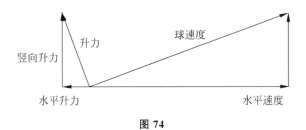

图 74

那么,为什么在没有能量供给的情况下旋转可以使球发生偏转? 我们认为其作用类似于船舵使船转弯。实际上,开出一个拽五,球可保持其旋转直到飞行结束,到达地面时它的旋转速度大约是初期的 75%。

第五章 ● 基本理论

前面我们讲述了球飞行时阻力和升力的内在物理学原理,为全面了解它们对于球的轨迹和飞行距离所起的作用,我们需要进一步学习一些基本理论。

52 雷诺数

1883 年雷诺(Osborne Reynolds)发表了著名的水在管中流动的试验报告。他发现随着水流速度的增加,有一个由平流到湍流的转换。他进一步解释,具有不同密度、黏度、流速的流体,在不同直径的管中流动,湍流的出现取决于一个简单的数值,我们现在叫它雷诺数:

$$雷诺数 = \frac{密度 \times 速度 \times 直径}{黏度}$$

圆管中雷诺数处于 2100 以下时水流平稳,4000 以上时为湍流,位于 2100~4000 之间时水流动呈不稳定状态。

雷诺数可进一步表示成更为简单形式,即以运动黏度表示:

$$雷诺数 = \frac{速度 \times 直径}{运动黏度}$$

雷诺数也是球体在流体中运动的一个基本参数,比如高尔夫球在空气中的飞行。这种情况下上式中的速度和直径为球体的速度和直径。

53 阻力系数

在一个简单的球的阻力模型中发现阻力与流体密度、球的截面面积、球速的平方成正比,可表示为

$$阻力 = \frac{1}{2} C_D \times 密度 \times 面积 \times 速度^2$$

空气在 20℃ 时的密度为 1.2kg/m^3,高尔夫球的截面面积为 $1.43 \times 10^{-3} \text{m}^3$,$C_D$ 为阻力系数,仅与雷诺数有关。因此对于一个球一旦确定了与雷诺数相关的 C_D,我们就能够计算流体中任意直径具有一定速度的类似球状物体的阻力。我们这里强调类似球状是因为如果球的表面不光滑,C_D 的构成还取决于球表面的性质,例如,高尔夫球的浅坑表面。

图 75 表示在一个大的雷诺数范围内由光滑球体测得的 C_D 值,同时也给出了指定表面粗糙度的球和带有小坑的高尔夫球的 C_D 值。可见每种情况下有一个临界雷诺数,它对应着的 C_D 值会出现一个迅速的下降,与阻力的下降一致。

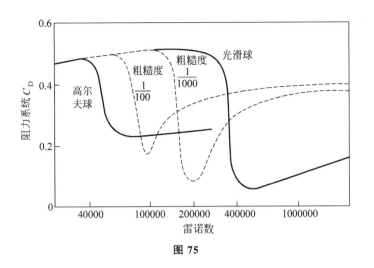

图 75

雷诺数临界值随表面粗糙度的增加而降低,高尔夫球雷诺数的临界值为光滑球的 1/8。将空气运动黏度[1.51×10^{-5} $m^2/s(20℃)$]和球直径(4.27×10^{-2} m)代入上面雷诺数方程可得到雷诺数与高尔夫球速的关系:

$$R = 2830 \times v(m/s)$$

或

$$R = 126 \times v(miles/h)$$

一般情况下,高尔夫球的球速为 60~160 英里/小时,雷诺数在 75000~200000 之间,这将落在 C_D 曲线的平台段,C_D 为 0.25 左右。

54　升力系数

对于随球旋转出现的升力,用与阻力类似的方法加以讨论:

$$升力 = \frac{1}{2}C_L \times 密度 \times 面积 \times 速度^2$$

式中,C_L 为升力系数。

使用国际单位制,阻力和升力方程给出的力的单位为牛顿,其与盎司力的关系为

$$1 牛顿 = 3.6 盎司力$$

正如前所描述,阻力和升力系数由熊人和哈维通过风洞试验加以测量,测得的雷诺数为 100000 时的 C_L 值见图 76。横坐标为球表面转速 v_s 与球速 v 之比。表面转速由球每秒旋转圈数乘以周长得到。例如,每秒 60 转的

表面转速为 18 英里/小时,对于球速 100 英里/小时,可得到 $v_s/v = 0.18$。由图 76 得到相应的 C_L 值是 0.21。现在我们可以利用以上方程计算升力。将空气密度和球截面面积代入得到升力为 0.36 牛顿,即 1.3 盎司力,略小于球重(1.62 盎司力)。

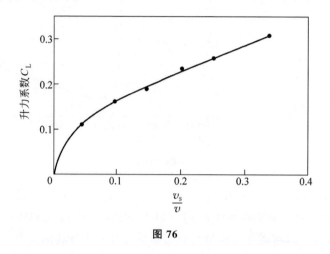

图 76

55 阻力和旋转

图 75 为不带旋转的球的阻力系数 C_D 与雷诺数的关系图。我们不希望旋转对阻力有大的影响,但熊人和哈维的确发现 C_D 随 v_s/v 的一些变化,见图 77。

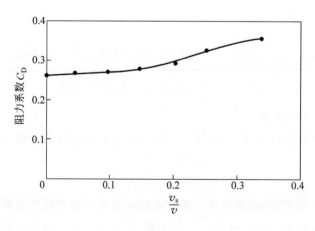

图 77

由上面的例子可知,球的旋转为 60 转/秒,速度为 100 英里/小时,旋转比 $v_s/v=0.18$,则得到 $C_D=0.29$。利用阻力方程我们得到阻力为 0.5 牛顿,即 1.8 盎司力,大体等于球重。

以上介绍了计算作用在球上的空气动力的计算方法,下面我们对空气动力在确定球的飞行轨迹和飞行距离时所起的作用进行研究。

56 轨迹的计算

球在飞行时,每时每刻都受到与其运动速度和运动方向相关的力的作用。依牛顿定律球在力的作用方向产生加速度:

$$加速度 = \frac{力}{球的质量}$$

这个方程使我们能够计算球在整个飞行过程中速度的变化和方向。

前面我们知道如何计算阻力和升力。这些力与重力一起决定球的运动,力的示意图见图 78。阻力与球的运动方向相反而升力垂直于球的运动方向。由于球有倒旋故作用于球上的升力向上,并有一个小的水平分量。球飞行时阻力和升力变化很大,但重力保持不变,它产生一个向下的 9.8m/s^2 的加速度。

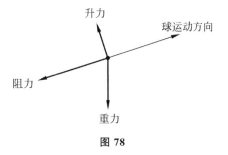

图 78

计算球飞行轨迹的过程需沿水平和竖向分别求解牛顿方程。从图 78 中可见阻力和升力在各自方向分别起作用。由于有阻力和升力的公式,我们现在可通过解下面两个方程计算球的轨迹:

$$水平速度变化率 = \frac{水平阻力 + 水平升力}{球质量}$$

$$竖向速度变化率 = \frac{竖向阻力 + 竖向升力}{球质量} + 重力加速度$$

这两个方程的解给出球飞行时每一时刻速度和方向的变化,因而可以计算球的轨迹和飞行距离。

方程很复杂,我们必须借助于计算机求解。下面我们将计算不同情况下球的飞行距离,并通过计算结果了解影响它的潜在因素。计算采用图 76 和图 77 的升力和阻力系数的形式,并按照经验对计算所得到的距离进行调整。

第六章 ● 距离

前面研究了拽五击球的物理学原理和球飞行的空气动力学,这些都是为了一个目标——将球击得尽可能远。读者可能已经发现挥杆和击球的物理学原理比想象的要复杂得多,但我们还是能够对结果进行一些描述。球被击出时离开发球台的速度、旋转程度和起飞角度决定着球的飞行轨迹和距离。

球的飞行看似简单,但在背后存在着三个力的博弈——向下的重力、空气阻力和旋转产生的升力。对于拽五来说这三个力具有同等的重要性。

通过前面的讨论,我们知道拽五的轨迹和距离是可以计算的,这可以解答许多有趣的问题。例如,距离与杆头速度的关系?在给定的杆头速度下最优起飞角是多少?

为了得到这些问题的解答我们需要估计球落地后的运行距离。球落地后先是弹跳,然后滚动,两者构成跑动距离。球的总距离为飞行距离(carry)和跑动距离(run)的总和。

通过研究拽五的这些基本性能,我们还可以进一步问两个问题,距离与起飞角的关系是什么?向上击球有利还是不利?最后我们将讨论风和气压是怎样影响球的飞行和距离的。首先我们从不考虑空气作用这一理想状态开始研究球的飞行。

57　理想飞行

17世纪意大利物理学家伽利略从抛物体的运动发现了抛物线。他从试验中发现抛物体的运动由两部分组成,等加速度的竖直自由落体和匀速水平运动。将两者叠加起来,经计算发现抛物体的运动路径是一条抛物线。

牛顿说竖向加速度是地球重力引起的,称为 g 。伽利略的结论仅适用于空气效应不显著的情况。很明显,一根羽毛不遵循抛物线飞行,空气阻力随抛物体的速度增加而增大,低速时空气阻力可以忽略不计。对于高尔夫球来说,低速、短杆时球的飞行轨迹接近抛物线。

球做抛物线飞行时,其飞行距离仅与击球角度和速度有关,任何球速下最大飞行距离对应的击球角度均为45°。图79显示了具有同样初始速度,起飞角分别为30°、45°和60°的抛物体的飞行情况。从图中可见,30°和60°起飞角的抛物体的飞行距离较45°的短13%。

为更好地说明问题,我们将速度分解成水平速度和竖向速度分别加以讨论。球落地前的飞行距离可通过其飞行时间乘以水平速度得到。球以大于45°被击出,其飞行时间增长,但这不足以弥补水平速度降低的影响,因而

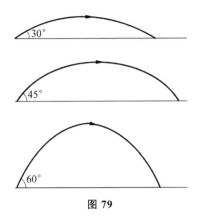

图 79

飞行距离减少了。类似地,以小于 45°被击出的球,其水平速度增加,但不能弥补飞行时间减少的影响。极端情况下这些问题会变得更为明显,向上的竖直击球会使球飞行距离为零,而水平方向击球会使球留在原地。

这些可由图 80 做一个全面的说明。图 80 中给出了不同起飞角情况下的水平速度、飞行时间和飞行距离。其中飞行距离等于水平速度和飞行时间的乘积。45°起飞角时球的飞行距离达到最大值。理想情况下,忽略空气的影响,高尔夫球的飞行距离与初始速度的平方成正比。图 81 表示以 20°分别击出的两个球,一个初始速度为 80 英里/小时,另一个为 160 英里/小时,两者飞行距离差别明显。

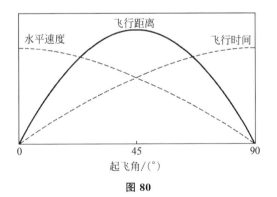

图 80

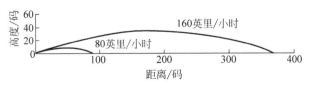

图 81

58　阻力效应

　　如图82所示,以20°起飞角击出两颗球,一个击球速度为80英里/小时,另一个为160英里/小时,虚线表示无空气阻力(no drag)的理想情况下球的飞行轨迹,实线表示实际情况即空气中有空气阻力(with drag)球的飞行轨迹。空气阻力对球的距离影响很大。以速度160英里/小时飞出的球,有阻力时飞行距离为190码,而无阻力时可达370码。这个也是在丽江玉龙雪山球场球打得远的原因,那里海拔高达3100米,空气稀薄,空气阻力小,因而球飞得远。

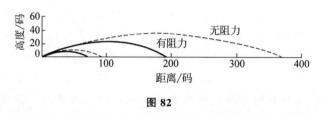

图 82

　　图83为起飞角与飞行距离的关系图。无空气阻力时最优起飞角为45°,这时球打得最远,而空气中的最优起飞角为40°。为什么最优起飞角会变小?这是因为起飞角越大,球在空中飞行的时间就越长,空气阻力对它的影响时间就越长,球速降低得就越多。

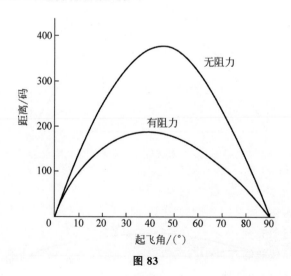

图 83

59 阻力加爬升

现在我们看实际情况,由于球的旋转产生的阻力和爬升。如图84所示,以20°起飞角160英里/小时速度击出60转/秒旋转的球,其轨迹会有明显的改变。升力使球的轨迹向上,其高度超过仅有空气阻力时的2倍,升力使球的距离大大增加。

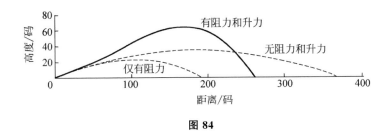

图 84

图85表示起飞角与距离的关系。与仅有空气阻力相比,由旋转引起爬升后球的飞行距离会更远,最优起飞角也由40°降为19°。

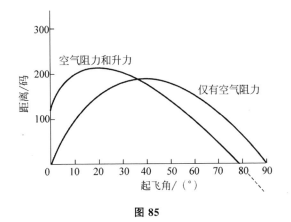

图 85

比较30°和60°起飞角的两个球,无空气阻力时两球的距离相同。有阻力时30°起飞角升力以竖向分量为主,60°起飞角升力以水平分量为主,后者提供不了足够的竖向升力使距离减少(图86)。

由图85可以看到一个有趣的现象,起飞角为零时,由于旋转产生的升力大于球重,因而球能够起飞。由于空气阻力的作用,球速降低旋转减小,当升力小于球重时球会回落地面,此时距离是120码。另一个有趣的现象是起飞角为90°时,即向天上击球,此时距离是负的(图中虚线),表示球往后跑。这可

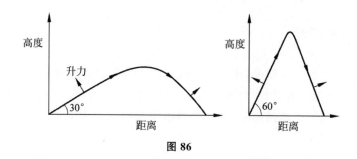

图 86

解释为升力与球的飞行方向垂直,球向上打,升力使球沿水平方向朝后飞行。

由此我们可以得到以下三点结论:

(1) 空气阻力会大大减少球的飞行距离;

(2) 旋转和由其产生的升力非常重要;

(3) 在我们的例子中,空气阻力和升力的联合作用使最优起飞角由 45°变为 19°。

然而,我们前面的一项假设是不正确的,即以各种起飞角击出的球,它们的速度和旋转是不变的。实际上,对于给定的杆头速度,为改变起飞角而选择不同的杆面倾角(loft)会带来球速和旋转的变化。假设击球时杆头呈水平运动,增加起飞角指增加杆面倾角并得到更快的旋转。一根零度杆将击出零起飞角的球,不产生旋转,不是前面假设的 60 转/秒。

60 最优起飞角

最大化拽五的距离时三个基本因素与球员击球有关——杆头速度、拽五起飞角和杆头触球时的有效杆面倾角。假设球员以所能达到的最大杆头速度水平击球,他将会找到能够达到最远距离的拽五的起飞角。

我们重新回过头来看决定距离的三个变量——球起飞时的角度、球速和倒旋,可以通过力学方程由杆头速度和杆面倾角(loft)计算这些变量。计算这些变量的方程由本纳(Penner)提出。

举个例子,一个球员以 100 英里/小时的杆头速度击球,恢复系数为 0.8。对应于每一个杆面倾角(loft)我们利用本纳方程能够计算起飞角、球速和倒旋,结果见图 87。对于所选择的杆面倾角,利用这些结果我们可以计算球的飞行轨迹和距离。

然而,需要记住的是,有效杆面倾角,即动力杆面倾角,包括球杆向前弯曲的贡献。有关这个弯曲的资料不多,就我们目前的研究,弯曲贡献的角度

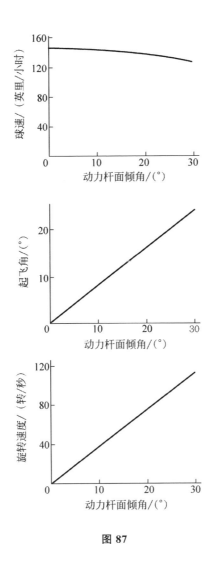

图 87

在 4°左右。为得到杆面倾角,必须由动力杆面倾角减去弯曲角度。

　　可以看到随着杆面倾角增加球速降低,小角度时降低缓慢,角度增大后降低显著。起飞角和倒旋速度与杆面倾角成正比。

　　对于每一个杆面倾角,相应的起飞角、球速和倒旋速度决定着击球距离。我们很快会讨论总的距离中有个跑动距离的话题,但目前仅考虑空中飞行距离(carry)——球首次落地时运行的水平距离。飞行距离与杆面倾角的计算关系曲线见图 88。对于假定的 100 英里/小时的杆头速度最大飞行距离为 233 码,此时动力倾角为 15°。对于弯曲角度为 4°的杆身,意味着动力杆面倾角为 11°。

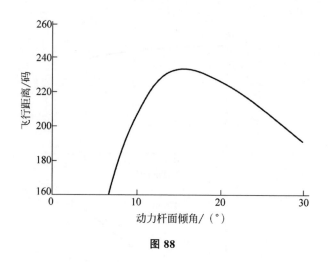

图 88

61 作用在球上的力

在我们讨论的例子中,球初始的阻力大于其重量,阻力大使得球速迅速降低,如图 89 所示。图中给出了动力杆面倾角为 15°时,球在飞行过程中水平速度的变化情况。

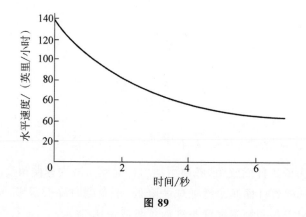

图 89

在优化杆面倾角的情况下,球的初始升力比球的重力大 50%,这意味着球向上做加速运动。随后水平速度降低使得升力迅速下降,在一秒内升力会降到小于重力。

早期我们已经注意到升力具有一个水平分量,这一效果的几何关系由图 90 加以说明。升力与球的运动方向垂直,这意味着球上升时会产生水平加速度,在最大距离时升力的水平分量约为竖向分量的 1/5。由图 89 可见,球飞行后期水平速度不再降低,此时升力的水平分量与水平阻力平衡。

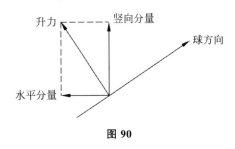

图 90

62 跑动距离

飞行(carry)距离仅为球运行总距离的一部分。球落地后将经历数次反弹,之后沿地面滚动直至球与地面的摩擦力使球停下来,如图 91 所示。弹跳(bounce)和滚动(roll)构成球的跑动(run)。

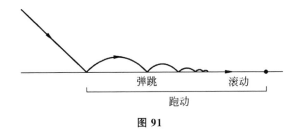

图 91

球弹跳和滚动的距离很难确定,如果地面潮湿且质地松软,球落地后将砸出一个坑,这一过程会使球失去几乎所有能量,接下来的跑动距离会很短。另一种极端情况,在结冰或干燥坚硬的球道上,球将跑动很长的距离。一般情况下,跑动距离构成球的总运行距离的重要组成部分。低角度飞行的球,跑动距离长,因而在优化杆面倾角时要考虑这一影响。各种条件下弹跳和滚动的力学原理将在后面介绍。然而,在计算跑动对总距离的影响时,我们无法将各种变化因素都考虑进来,这里我们将采用一个基于物理原理的经验性简化模型对一般情况下的跑动情况进行分析。

跑动中隐含的物理学的本质为摩擦力的作用使球水平运动时动能减少,直至球静止不动。实际上跑动中预期的滚动距离的确与球开始滚动时的动能成正比,一个合理的推测是总的跑动距离几乎与球第一次落地时的水平运动的动能成正比。

球水平运动的动能为 $\frac{1}{2}mv_h^2$,这里 m 为球的质量,v_h 为球的水平速度。因此可以推测跑动距离与水平速度的平方成正比,即

$$跑动距离 = cv_h^2$$

式中:c 为确定的常数。

对于一个起飞角为 $10°$ 的击球,科克伦(Cochran)和斯托布斯(Stobbs)通过计算 v_h 得到预估的跑动距离并与现有数据进行对比,对上述方程进行验证。基于一个 $12°$ 的动力杆面倾角(起飞角接近 $10°$),威廉姆斯(Williams)进行了跑动距离的直接量测。

将这些结果加以对比可得到一个更好的 c 值,因而上述方程变为

$$跑动距离 = \frac{v_h^2}{115}(码)$$

式中:v_h 的单位为英里/小时。图 92 给出了上述公式计算的跑动距离,并将科克伦和斯托布斯及威廉姆斯的结果绘出进行比较。可以看出,考虑球道性质带来的不确定性,上述建议公式对跑动距离的估算是合理的。

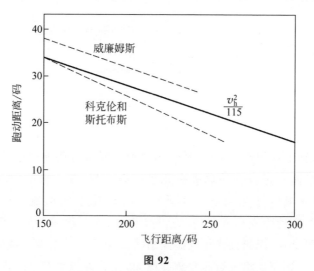

图 92

对于拽五击球时,球飞行距离越远跑动距离越少的这样一个事实,大家会感到奇怪。这可解释为,球飞行距离远飞行时间就长,则阻力的作用时间长阻力就大,这使得球落地时的速度降低得更多,因此跑动距离减少。

63　总距离中跑动的效应

采用描述上述跑动距离的模型对前期分析的案例进行计算,以找出最优杆面倾角,结果见图 93。可以看出考虑跑动距离后对应于总距离最远处的动力杆面倾角,比对应于飞行距离最远处的动力杆面倾角,减少了约 1°。低飞行轨迹提供了更远的跑动,在最优动力杆面倾角处跑动增加了 20 码的距离。

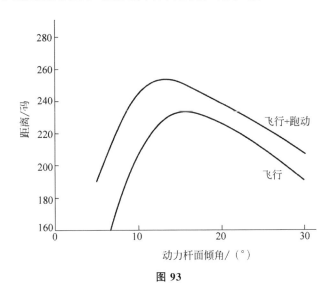

图 93

64　杆头速度的依赖性

上一节的内容是基于 100 英里/小时的杆头速度,当然,高尔夫球手的兴趣是知道最优杆面倾角与拽五距离的关系。

以 100 英里/小时杆头速度击出的球,拽五的距离为 250 码,最优动力杆面倾角为 14°,即考虑杆身弯曲后杆面倾角为 10°。现在我们改变杆头速度以了解最优杆面倾角与拽五距离的关系。

图 94 表示最优杆面倾角时距离随杆头速度的变化情况。杆头速度为 70 英里/小时对应最优动力杆面倾角为 19°,相应的距离为 155 码。杆头速度为 120 英里/小时距离几乎翻倍,对应 11°的动力杆面倾角。图中给出了不同开球距离球手的最优杆面倾角,从中可见拽五打得近的球手以 3 号木取代拽五会具有优势。

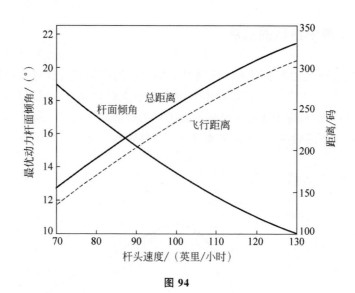

图 94

　　然而事情到这里有一个转折,我们或许不很在意几码额外的距离,实际上也不易觉察到这一点。因此,我们要问杆面倾角与最优杆面倾角相差多少可使距离的变化控制在 5 码之内?不同杆面倾角计算结果见图 95,从图中可见,采用最优杆面倾角没有想象的那么重要。例如,对于 100 英里/小时的杆头速度,12°～16°的杆面倾角与最优杆面倾角 14°相比距离只差 5 码。

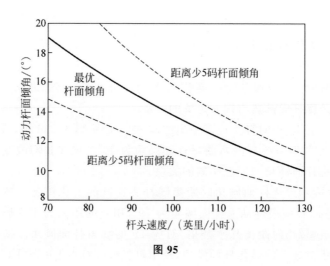

图 95

65 一个棘手的问题

高尔夫力学方面的大部分问题可由基本物理学概念解释,但有一个问题似乎没有解决。通常假设以一个搂五开球时,杆头应在到达底部时将球击出,这个条件在前面讨论最优杆面倾角时始终贯穿其中。基于这一假定,杆头速度和动力杆面倾角决定球的起飞角,实际上起飞角近似为80%的动力杆面倾角。那么问题来了,如果最优杆面倾角和起飞角都在变化,那么它们如何取值?换成另一种方式问这一问题——运动的球杆应以什么角度在地面处击球可获得最远距离?

假定击球时杆头可向上击球且碰撞的力学原理不变,那么一定杆头速度和动力杆面倾角下的球速和倒旋是不变的。因而,直接进入主题,假设允许向上击球,我们以100英里/小时的杆头速度对这一问题进行试验研究,几何关系由图 96 表示,图中的向上角表示击球时杆头向上的角度。

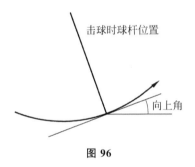

图 96

试验结果见图 97,坐标系中纵轴为动力杆面倾角,横轴为向上角,等高线表示球运动的总距离即飞行加跑动距离相等的点,等高线间距为 10 码。以 0°向上击球,杆头在最低点沿水平方向击球,由等高线得到最远总距离为 253 码。

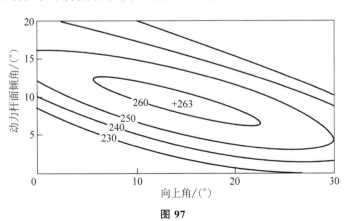

图 97

以最远总距离为目标进行全面优化,最优解为向上角 14°。此时最远总距离为 263 码,超过了沿水平方向击球时的最远总距离。这时的动力杆面倾角仍为 10°,但由于向上角的存在,使击球的起飞角增至引人注目的 24°。图 98 给出了 0°向上角(沿水平方向击球)和 14°向上角以其各自优化动力杆面倾角击球时的飞行轨迹。

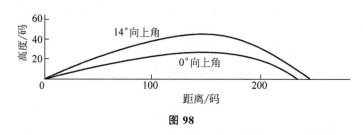

图 98

从图 98 中可见,两者有明显的不同。经全面优化后球的飞行高度比沿水平方向击球时高得多,并在远 12 码处落地。14°向上角在距离上的收益源自增加了超过半秒的飞行时间,这个足以补偿倒旋速度由 54 转/秒减至 36 转/秒造成的升力损失。

那么应该向上击球吗,向上角多少合适呢?对于 100 英里/小时的杆头速度,最优向上角为 14°,此时开球 Tee 需要增至 3 英寸高。为适应向上击球,球员可能需要调整站位方式和挥杆方法,或者降低一些向上角使这些调整更顺畅些。再考虑杆头速度与向上角的关系,情况将会变得更加复杂。由此看来对于一个球手来说,最优向上角要靠经验和试验去寻找并加以验证,但上述理论性的论述对此会有所帮助。

66 风的影响

对于风速只有每小时几英里的风,我们很难觉察到风对高尔夫球飞行轨迹的影响。但当风速增加到每小时数十英里时,高尔夫球飞行轨迹的变化是明显的。逆风会使球上不了一个长 3 杆洞的果岭,而顺风能够助力将球攻上一个短 4 杆洞。

风作用于球上的力由球与空气的相对速度决定,这个可通过将空气速度与随时间变化的球速一并考虑由计算确定。顺风情况下球与空气的相对速度降低,阻力减少,距离增加。逆风情况下相对速度增加,阻力增加,距离减少。

低风速时高尔夫球的飞行距离与风速成正比,风速每增减 1 英里/小时,距离增减 1 码。高风速时逆风对高尔夫球的影响比顺风时大,这可由图 99 加以说明。图中给出了以 130 英里/小时杆头速度、15°动力杆面倾角击出的球,分别在逆风和顺风中的轨迹,风速均为 20 英里/小时。无风时球的飞行距离为 209 码,顺风时距离增至 218 码,增加了 9 码;逆风将损失 26 码的距离,仅为 183 码。与顺风相比,逆风时球的飞行距离减少的较多是阻力增大的结果,此时阻力不是与相对球速成正比,而是与相对球速的平方成正比。

逆风时,球相对速度增加,导致升力增加,这将使球出现一个高弹道的运行轨迹,如图 99 所示。顺风时,球以低角度落地,落地时水平速度较大,这将增加球后期的跑动距离。

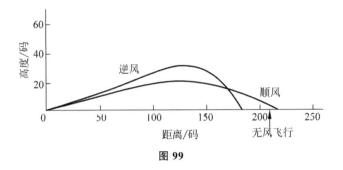

图 99

由轨迹计算公式可得到球落地时的水平速度 v_h,将此值代入跑动距离计算公式可估算出各种风速下球的跑动距离。取与上面案例中相同的杆头速度和动力杆面倾角计算出跑动距离,结果见图 100。图中给出了球运动的总距离(飞行＋跑动)和飞行距离。从图中可见,顺风时球跑动距离增加得多。

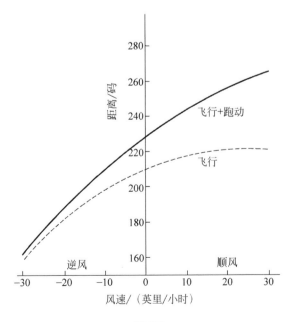

图 100

67 侧风

顺风或逆风时，我们可明显感觉到风对球的作用，但侧风对球的影响不易察觉到。假设我们在 20 英里/小时的侧风作用下击出一个球，计算球的飞行轨迹，得到球在空中飞行时间为 6 秒，落地时侧向偏离 11 码。然而，实际上，在 20 英里/小时的侧风作用下，如果我们测量拽五开出的球的实际运行轨迹，会发现球的侧向偏离超过 22 码。

这意味在侧风中击球，作用在球上的实际阻力比侧风单独作用对球的阻力大得多。侧风的存在使总阻力与击球方向呈一个角度，侧向力为这个大得多的总阻力的侧向分量。

以 20 英里/小时的侧风作用在 100 英里/小时速度飞行的球为例，由于 20 英里/小时低于临界速度，因而对于这两个速度，不能仅将阻力考虑成与速度的平方成正比，还要考虑它们的阻尼系数的不同。我们可由图 64 得到对应于这两个速度的阻力，发现其比例为 12。图 101 表示有侧向偏离的 12 倍力如何导致一个更大的侧向力，该力比侧风单独作用引起的力大 1 倍。

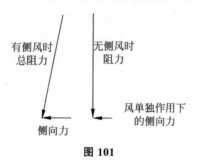

图 101

68 大气压力和海拔高度的影响

气压和温度的变化在前面已讨论过。空气密度的变化范围通常约为 4%，会在球上产生阻力和升力的变化。空气密度变化与击球距离的差异来自阻力和升力的对比变化。空气密度增加会使阻力增加，距离减少，但会使升力增加，这又增加了距离。对于低起飞角的拽五，这两个效应大体相互抵消，空气密度对距离的影响很小。起飞角超过 10°时，空气密度对阻力的影响大于升力，此时的空气密度减少，球飞行距离增加。空气密度每变化 1%，距离变化 1 码，因而空气密度变化 4%，距离变化 4 码。

在低密度高海拔地区打球时这一影响更为显著。例如,7000英尺高处的空气密度会减少21%。我们计算了这一海拔高度杆头速度为100英里/小时情况下不同起飞角时阻力和升力减少情况,结果见图102。可以看到,与处于海平面的情况相比,高海拔情况下低起飞角升力损失要大一些,从而使距离减少;高起飞角升力损失小于阻力损失,从而使飞行距离增加,增加距离约20码。

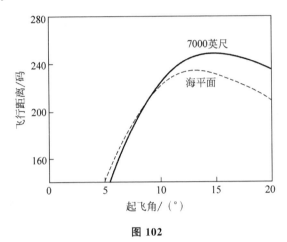

图 102

第七章　反弹和滚动

球与地面相互作用的物理学原理很简单,但实际问题要复杂得多,反弹和滚动与地面特性的关系很大,因而准确估计反弹和滚动的距离是困难的。然而,在给定条件下,采用牛顿运动定律可以计算出球的反弹和滚动,其基本特性可以通过"典型示例"来表述。

69 反弹

球在草地上反弹失去能量,部分是由于草和地面的变形,部分是由于球和地面的摩擦力,这些通过持续反弹时高度的不断降低和球向前运动速度的减慢表现出来。

球的反弹与两个系数有关,我们前面已谈到的恢复系数 e 和滑动摩擦系数 μ。我们回想一下,恢复系数等于球反弹后与反弹前的竖向速度之比。当高尔夫球弹离高尔夫球杆的表面,球的变形比杆面的变形大得多,恢复系数即为球本身的恢复系数。然而,当球从球道或果岭反弹时,球的变形是可以忽略的,反弹由弹性小得多的草皮的性质决定。

我们知道当球落到地面时,反弹高度与球下落时高度之比等于恢复系数的平方,因此我们可以由这两个高度之比的平方根定义恢复系数。例如,如果球自 100 英尺的高度落下,反弹后高度为 36 英尺,高度之比为 0.36,取平方根,恢复系数为 0.6。

由经验可知,当高尔夫球落到坚硬表面时会反弹很高,大约可反弹到原高度的 2/3,此时 e 为 0.8。当球落在结冰或干燥的球道时 e 值为 0.5,但对于软的表面,e 值能低到 0.1。恢复系数随球速发生变化,高速时 e 值低。

当球首次接触地面时,它沿地面滑动,这导致球受到水平摩擦力作用,如图 103 所示。该力与球的竖向反力成正比,滑动摩擦系数定义为

$$滑动摩擦系数 = \frac{摩擦力}{反力}$$

滑动摩擦系数的典型值为 0.4,此值将在后面的例子中使用。

一个干净的击球总是打出倒旋,它由球杆的杆面倾角(loft)产生,球落地时仍有倒旋,如图 104 所示,摩擦力既使球速降低又使倒旋减少。

图 103   图 104

70 自拽五的反弹

拽五击出的球,落地后反弹时的摩擦力很大,足以反转球的倒旋,并在球离开地面前将滑动转换成滚动。这个过程中球向前的运动减慢,速度减少 1/3。

举个例子,拽五打出 60 转/秒的一个倒旋球,以 40°落地,速度为 55 英里/小时。考虑恢复系数 0.15,第一次反弹计算高度为 11 英寸,然后球飞行 17 英尺后落回地面。球第一次反弹离开地面之前,滑动停止后开始滚动,这意味着在其后的反弹中,球带有滚动旋转。因而,在这些反弹中没有滑动摩擦力存在,球的水平速度几乎不变,然而,每次反弹的竖向速度以恢复系数 e 减少。随后反弹之间的时间和球飞行的距离也以 e 减少,反弹高度以 e 的平方减少。在计算第二次和其后的反弹中,恢复系数增加到 0.3,这里考虑了低速时对 e 的修正。其后的反弹高度减至 0.3 的平方 0.09,即每次反弹高度是前一次的 1/11。反弹高度的迅速减少意味着反弹会很快结束,之后球开始滚动。

上述情况下球反弹后飞行的距离和高度见表 2。

表 2　球反弹后飞行距离和高度

反弹	距离/英尺	高度/英寸
1	17	11
2	5	1
3	1.5	0

球第一次反弹的高度通常比前面基本理论给出的高度高,下面加以解释。反弹理论假设球触地时地面变形不大,表现为低反弹,如图 105(a)所示。然而,从被球砸出的地面变形看情况并非如此,图 105(b)说明实际发生了什么,球撞击地面时,地面变形,在球前会形成一个微小的坡,球弹离开这个坡后,会出现一个高的反弹。

如果按地面有效坡度角 10°对反弹进行重复计算,第一次反弹高度是地面为平面时的 3 倍,相应地,反弹飞行距离由 7 英尺增加到 24 英尺。图 106 表示这种情况下其后的反弹,第四次反弹高度不到 1 英寸,与草的高度相比,可以认为自这次反弹之后球开始滚动。

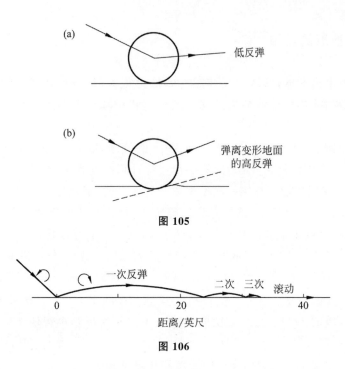

图 105

图 106

71 强倒旋反弹（bounce with high back-spin）

用大号球杆或挖起杆击球,会产生强烈的倒旋。这个倒旋反弹与拽五的反弹不同,这时地面与球之间的摩擦可能不足以减缓球的快速旋转。

以图 107 为例,球以 50°触地,球速度为 50 英里/小时,倒旋为 180 转/秒。之后三次反弹,每次球均产生滑动并保持倒旋,转速减慢,恢复系数为0.4。第一次反弹球飞行 6 英尺,第二次反弹飞行距离较小,但球仍向前飞行,此时倒旋足以将球往回转产生向后的更小的第三次反弹。第三次反弹后球仍然存在倒旋,球向后沿地面滑行,之后摩擦力使球停止滑动,球开始滚动直至停止。

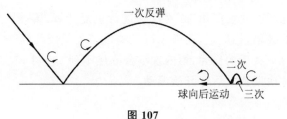

图 107

72 滚动（rolling）

球的滚动摩擦力远小于滑动摩擦力。对于一个滚动的球，滚动摩擦系数以 μ_r 表示，由下式定义

$$滚动摩擦系数 = \frac{摩擦力}{球质量}$$

可以看出，滚动摩擦系数基本上与球的速度无关。

高尔夫球在十分坚硬的地面滚动，摩擦系数很小，大约为 0.003，因此摩擦力为球重的 3/1000。这种极端情况下摩擦力或许会受到球上小坑的影响。

高尔夫球场上滚动摩擦的基本原因是草叶的弯曲，通常草越长摩擦越大。球道上，滚动摩擦系数为 0.15。推杆果岭的摩擦系数在 0.05～0.08，两个值分别对应于快果岭和慢果岭。$\mu_r = 0.06$，摩擦力约为球重的 1/17。

球的动能与球速 v 的平方成正比，滚动距离 d（单位为码）为

$$d = \frac{v^2}{90\mu_r}$$

速度 v 的单位为英里/小时。图 108 给出了对于通常的球道，$\mu_r = 0.15$，滚动距离与球速的关系。

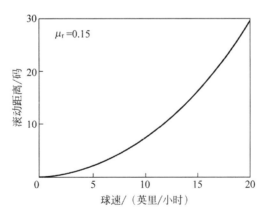

图 108

如果用拽五开球，球落地反弹后球速减至 15 英里/小时，从图 108 中可见球将滚动 17 码。

当然，果岭上球速通常低得多。例如，对于滚动摩擦系数为 0.06 的平推果岭，20 英尺的推杆仅需 6 英里/小时的球速。

73 "长推"（the "long putt"）

用拽五或球道木击球时出现失误，球会沿地面滚动，这时会出现一个有趣的现象，虽然击球失误，但球速很快，我们将看到球以 60 英里/小时的初速度滚动。

按上面滚动距离公式，$\mu_r = 0.15$，滚动距离为 267 码。这个明显不合理，但错在哪儿呢？首先在初始阶段球是滑动的，因而摩擦系数很大。随着球的滑动，它的转速增加直至开始滚动，随之摩擦系数变为较低的滚动摩擦。假设不考虑初始的旋转，初期球的滑动将使距离减为 190 码，但仍然很长。

问题的解释是，即使是滚动，空气阻力对这个速度也很重要。虽然球接近地面时围绕它的空气流动模型很复杂，但我们仍能利用球飞行时的阻力公式得到合理的阻力估算。这时可得到球运行的合理距离，为 100 码，显然仍然很长。因此，球手们常由于他们这个失误而捞回距离，获得解救。

74 滚动能量学

球滚动时，动能由两部分组成：向前运动的能量和滚动旋转的能量。球和地面之间的摩擦力降低球向前运动的速度，如图 109 所示。随着球速的减慢，它的旋转速度随之降低，但从图中可以看到，摩擦力是在增加向前的滚动旋转，而不是减少，所以这里暗含玄机。

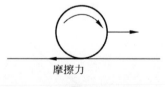

摩擦力

图 109

这个问题的解决使我们想到一个力，即支承球重量的反力。一个静止的球，反力作用点位于球与地面的接触点；但对于滚动的球，反力作用点会前移。由图 110 可见，球向前运动压弯草皮，摩擦力与反力的合力前移且后倾，合力的水平分力降低球的向前运动的速度，竖向分力产生的反向力矩减慢球的旋转。

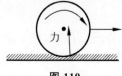

力

图 110

实际上,滚动的球只受到两个力的作用,即通过重心竖直向下的重力和图 110 所示的反力。反力的竖向分力与重力平衡,水平分力即为滚动摩擦力,由此就好理解球自滚动至停止的过程了。反力的水平分力即滚动摩擦力阻止球的水平运动,反力的竖向分力对球心产生的力矩阻止球的旋转。随着球运动的停止,反力作用点移到球心垂直线球与地面的接触点,此时摩擦力和反力的竖向分力产生的力矩均消失,球既不旋转,也不前后移动,只能静止不动。

滚动时球的旋转速度与球速成正比,即向前运动能量与旋转能量之比是一个常数,前者占总能量的 5/7,后者占 2/7。作用在球上的阻力以这个比例消耗球的能量直至球停止运动。

75 果岭速度

业界人士很自然谈及"果岭速度",当然果岭没有速度。球被击出后跑得很快,那么快果岭与慢果岭相比,到底意味着什么?很明显,这与滚动摩擦系数有关,我们知道球的滚动距离与摩擦力之间存在一定关系,这个关系由专门的仪器——斯迪姆仪来测量。

20 世纪 70 年代,爱德华·斯迪姆森(Edward Stimpson)研究出斯迪姆仪。斯迪姆森是一位高尔夫好手,于 1935 年获曼彻斯特业余锦标赛冠军,其发明的斯迪姆仪,如图 111 所示,作为标准仪器已广泛应用于全世界。

图 111

斯迪姆仪是一个弯成 V 形截面的铝杆,长 30 英寸。测量时,杆的一头落地,球置于杆的另一头缺口处。慢慢将杆抬起,使球从缺口处滚落,球顺 V 形槽滚落到果岭地面上,球在果岭上滚动的以英尺计量的距离即为果岭速度。快果岭速度可以达到 11 英尺,慢果岭为 7 英尺。

测量果岭速度的方法很简单,结果也通俗易懂。如果我们仅需要知道果岭速度,那么事情就到此为止了。但如果我们想要了解其中包含的物理学原理,那么事实可能要比我们想象的复杂。

球滚动距离由球离开斯迪姆仪时的速度和球与地面的摩擦力共同决定。摩擦力由滚动摩擦系数决定,对于一个给定的球速,滚动距离与摩擦系数成反比。现在问题的难点在于如何计算球自斯迪姆仪离开时的速度。

球自斯迪姆仪缺口处滚落时所具有的能量易于计算,必须记住这个能量的一部分转换成球的滚动,其余助力球的平动。球沿斯迪姆仪向下运动,与地面有一个角度,因而仅仅球速的一部分驱使球沿地面向前运动。最后,由于球到达地面时速度发生变化,球的旋转速度也会发生变化,这一过程见图 112。

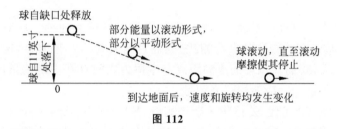

图 112

综合考虑上述因素,经计算可得到球到达地面时的水平初速度为 4.2 英里/小时。果岭速度以英尺计量时,与滚动摩擦系数的关系为

$$果岭速度 = \frac{0.60}{\mu_r}$$

式中:滚动摩擦系数 $\mu_r = 0.06$,相当于果岭速度为 10 英尺。

第八章 ● 推杆

推杆为球手提出了许多挑战,同时也引出了蕴藏于物理学中的各种问题。

在这个专题,我们来看看一个成功的推杆所需的推杆速度及沿顺坡方向推杆(沿坡推杆)和沿横坡方向推杆(跨坡推杆)时坡度的影响,同时看一下风对推杆的影响。首先我们先从推杆击球开始。

76 击球

假设球被推杆的表面干净利落地击中,两个因素决定推杆方向的准确性。首先,如果推杆杆面方正对准目标线,但推击线与目标线形成一个角度,这时会出现推击方向误差。第二,推击方向正确但推杆没有方正对准目标线,这也会引起误差,称为杆面不方正误差。

推击方向误差引起的后果不是很严重。由此产生的球击出角度的误差仅为推击方向误差的 $1/6$,这可由图 113 加以说明,该图表示推杆时 $6°$ 的推击方向误差导致 $1°$ 的球击出角度误差。

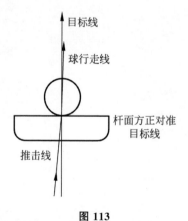

图 113

造成好运气的因素有两个。第一个是球向前的速度大于推击速度,比例为 $1+e$,e 为球弹出杆面的恢复系数,$1+e$ 通常为 1.7。

第二个也是更重要的因素,是当杆面沿斜向推出时,球的运动可分解为两部分,垂直于杆面向目标线的运动和平行于杆面的横向运动。球垂直运动的恢复系数为 $1+e$,横向运动表现为球沿杆面的横向滚动。这个横向滚动的速度要小于杆面的横向速度,约为它的 $2/7$,见图 114。球击出角度误差的减少程度与这两个系数有关。$\frac{2}{7} \div 1.7 = \frac{1}{6}$,即如前所述球击出角度误差为推击方向误差的 $1/6$。

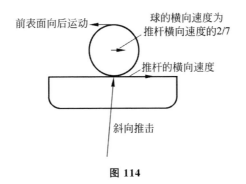

图 114

　　杆面不方正误差引起的后果要严重得多。球离开杆面的角度稍小于杆面的角度,图 115 表示 5°的杆面不方正误差(误差角度)将产生 4°的球运动方向误差。这说明推杆时保持杆面方正很重要。1°的杆面不方正误差意味着将错失一个 10 英尺的推杆进洞。

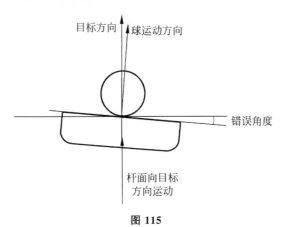

图 115

77　简单滚动

　　在水平地面上推球时,球的运动距离由滚动摩擦决定。推出后的球速将均匀减慢,减慢的速度仅与滚动摩擦系数有关。对于给定的果岭速度和推击长度,可以计算出球所需的初速度。

　　设初速度为 v,距离为 l,减速运动加速度为 a,摩擦力为 F,球质量为 m,球滚动时间为 t,则

$$F = ma = m\,\frac{v}{t} \tag{1}$$

$$l = \frac{1}{2}at^2 = \frac{1}{2}vt \qquad (2)$$

将式（1）、式（2）联立，消去 t，得

$$v = \sqrt{\frac{2g\mu}{m}l} \qquad (3)$$

图 116 为按式（3）得到的推杆距离与初始球速的关系图，取滚动摩擦系数 $\mu = 0.06$。

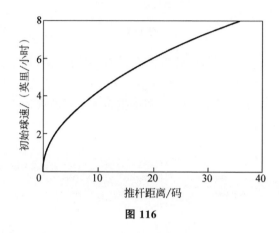

图 116

通常认为推杆时球在其运动过程中是均匀减速的，其实不然。图 117 表示球在其滚动路径上的减速情况，横坐标为球在路径上的某点与推杆距离的比值，纵坐标为球在该点时的速度与推杆初始速度的比值即初始速度的降速。可以看出球在后 1/4 行程位置，速度损失了一半。

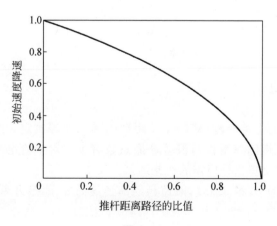

图 117

78　进洞

假定你推杆靠谱,但球一定会进洞吗?

首先看正对洞口中心推球的情况。通过精确计算,球的运动轨迹可分为以下几种情况,见图 118。

球速小于1英里/小时,球滚进洞。

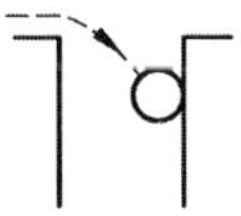

球速大于1英里/小时、小于3英里/小时,
球撞击对面洞壁进洞。

球速大于3英里/小时, 小于4英里/小时,
球可能撞击对面洞口进洞。

球速大于临界速度,球向洞后沿弹出。

图 118

球速小于 1 英里/小时,球会沿洞边掉入洞内,高于这个速度球将飞向洞口的另一边。球速在 1~3 英里/小时,球会撞击对面的洞壁入洞。球速大于 3 英里/小时,球会撞到洞口后沿,是否能有足够的运气让球进洞要看草皮情况。如果草皮有弹性则球会回弹进洞,即使球速达到 4 英里/小时也是可能的。球速再快,球会向前弹离洞口,使球手失望。这也告诉我们,推球速度

不能太快,球到洞口的速度不能超过 4 英里/小时。

　　如果球到达洞口时偏离洞口中心,要想进洞对球速的要求将更加严格,这时推球速度一定要慢。图 119 给出了球偏离洞口中心线距离与最大球速的关系曲线。从中可见,偏心超过 2.125 英寸,球再慢也进不去,原因是洞口的半径就是 2.125 英寸。

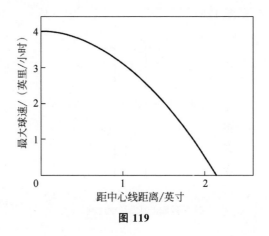

图 119

　　图 119 的偏离洞口中心线的示意不够形象,我们现在用另一种形式来说明。图 120 表示球速和有效洞口宽度的关系曲线。球速度为 4 英里/小时,有效洞口宽度为 0,表示推球不能有偏差,只有对准洞口中心才能推进洞。球速度为 0 英里/小时,有效洞口宽度为 100%,即只要球推在洞口范围之内,怎么也能滚进洞。

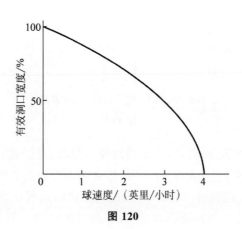

图 120

79 沿坡推杆（putting on a slope）

我们先看一个简单情况,此时推击线与坡的方向一致,即沿着坡度方向向上或向下推杆——沿坡推杆。坡的影响使球在路径上受到一个重力分量的作用,沿坡的重力分量与坡度成正比。对于 1/10 的坡,这个"坡力"是球重的 1/10。

摩擦力也与球重成正比,因此可直接将这两个力作比较,其比例为

$$\frac{\text{坡力}}{\text{摩擦力}} = \frac{\text{坡度}}{\mu_r}$$

μ_r 为滚动摩擦系数。这意味着对于一个下坡推,如果坡度大于 μ_r,则下坡力将大于摩擦力,由此产生一个向下的合力,这时球将加速而不是减速滚下。例如,对于一个典型的摩擦系数 $\mu_r = 0.06$ 的果岭,坡度大于 0.06(约 1/17)时球将加速下坡。

我们推球时也有这个经验,就是当坡度很大时,下坡推球很难停下来。知道了上述原理,我们可以想办法增加一下摩擦系数,如撒点树叶,丢几粒砂子,实在不行在洞前倒点水。

80 跨坡推杆（putting across a slope）

当然,在有坡的果岭上推杆有各种情况,这取决于球相对于洞的位置。为说明问题的复杂性,我们考虑球与洞同在坡上且处于等高位置时的推杆,简称为跨坡推杆。

这种推杆是推杆中最难的一种。对于短推,坡相对来讲影响小些,但对于长推,必须确定推杆的方向和速度。下面以一个距离为 10 英尺、坡度为 1/20 的跨坡推杆为例加以说明,如图 121 所示,滚动摩擦系数取 0.06。

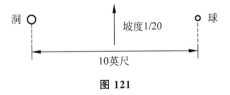

图 121

一个直对洞口的快速推杆可以使球到达洞口,但可能因为球速太快进不了洞。采用向坡上推,如果角度太小结果也一样。换一个角度讲,角度太大无论球速如何,球都将停在半路而到不了洞口,这两种情况见图 122。

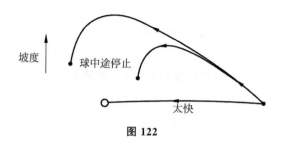

图 122

实际上存在着一个球运行的轨迹范围,在此范围之内可以推球进洞。对应于每个推杆角度有一个相对应的推杆速度,即所谓的一线一速。最小的角度为到达洞口时球速小到球刚好能进洞(球速超过 4 英里/小时进不了洞)。对于这一推,球只能沿洞的中心入洞,即有效洞口宽度几乎为零。随着推杆角度由这个最小的临界角度增加,洞口有效宽度也随之增大。最大的可推进角度为球刚刚能到达洞口的一推。这个最大角度的推杆的确是很难的,因为速度稍小一点,球将停在洞口。推杆最小和最大临界角度时,球运行轨迹见图 123。

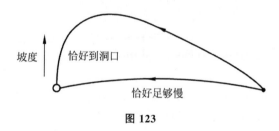

图 123

推杆应介于这两个极限轨迹之间,如何选择取决于比赛类型。对于比洞赛(match-play),基本要求为一杆推进拿下一洞或打平该洞。那么,或许值得冒险采取小角度接近直推的贯洞。图 124 显示了这个推杆轨迹,这种情况下采用可以进洞的最大速度的一半推杆,此时有 75% 的洞口有效宽度。如果球没进洞,将顺坡滚下 10 码。

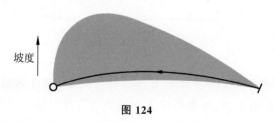

图 124

比杆赛(stroke-play)，采用大角度的轨迹，低速推击，保两推。

我们打球时也会碰到这种处于半坡的横向推球。线小了，无论力大力小球都会滚下坡且离洞很远，回推不一定能够推进。所以有效的做法是往大线推，这样球虽不一定进洞，但它容易停在洞边，因而不难保两推(两推：两次推杆进洞)。

看了这节的推杆原理，以后这种情况合理的推杆方法是，距离不是很远，有一定把握可以按比洞赛的推法采取过洞推；距离远，采用大角度向上推，力道中庸，不进保两推。

81 优化推杆

前文讲到，对于两种比赛类型，对应着两种相应的推杆策略。第一种情况，在比洞赛中，球手面对的是如何一推进洞，谈其他没什么意义。第二种情况，比杆赛中，球手需要尽量减少进洞的杆数。

一推的基本要求很直接，球速要快使它能过洞，但又不能过快进不了洞。对于典型的滚动摩擦系数(0.06)，可以计算出对准球洞中心直推时，不同推杆距离对应的球速上下限值，如图 125 所示。对于没能对准球洞中心的偏心推杆，成功进洞的球速范围很小。

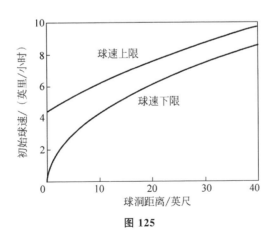

图 125

第二种情况，容许超过一推，这时情况要复杂一些。潜在的问题是球应有足够的速度以到达洞口，但球速又不能过快以至于错过两推变为三推。

这时我们要对推杆距离进行概率分析，如图 126 所示，对于目标距离 d，该图给出了推杆距离的概率分布。

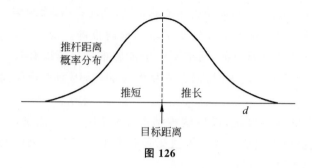

图 126

曲线的形状假定为数学上的正态分布。在目标距离时概率值最大，两侧值变小。概率范围为 0～1，0 表示无可能性，1 表示一定进洞。以图 127 的推杆为例，其标准差为 1 英尺，推进一定距离范围内的概率等于曲线下该范围的面积。例如，推进范围 w 的概率等于图中的阴影面积。

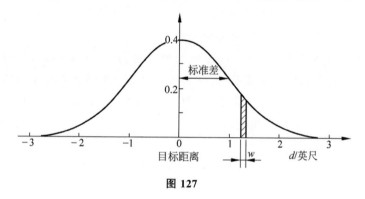

图 127

预期的失误程度用标准差来表示，如图 127 所示。标准差的定义为 68％的推球将落在 1 个标准差范围内，95％的推球将落在两个标准差范围内。对于某一距离的推杆，不同球手的标准差不同，它取决于球手的推球能力。典型的标准差为 10％的目标距离，即 2.5 英尺的推杆标准差为 3 英寸，10 英尺的推杆标准差为 1 英尺。

优化的目标距离不仅仅与推杆的距离有关，也与球手的技巧有关。我们将通过测试一个平均水平的球手进行说明。

首先考虑一个 10 英尺（3.3 码）的推杆。图 128 给出了过洞的目标距离与一推推进的概率关系。图中显示以过洞为目标的推杆进洞概率更大。

现在我们来看一推不进两推进洞的概率，如图 129 所示。图中显示随着一推过洞目标距离的增加，两推的成功率降低，预示着三推需求的增加。

由此可见，随着一推过洞目标距离的增加，存在着一推成功概率的增加

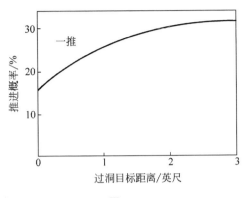

图 128

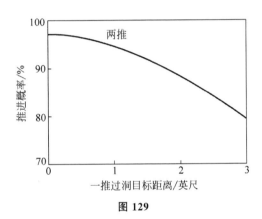

图 129

与三推可能性增加的权衡。为此,图 130 给出了一推过洞目标距离下的一推、两推和三推所占的比例。

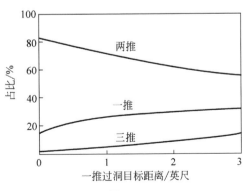

图 130

将以上情况综合加以考虑,对于一个 10 英尺的推杆,可得到对应于每一个一推过洞目标距离所需的平均推杆数,如图 131 所示。

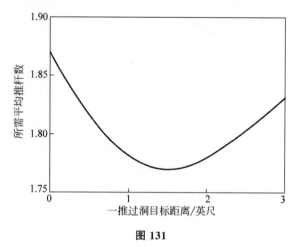

图 131

优化的目标距离为过洞 18 英寸(0.5 码),平均 1.77 推。可对 5 英尺(1.7码)和 30 英尺(10 码)的推杆距离进行类似计算,结果表明优化的目标距离仍为过洞 18 英寸。然而对于长推,平均推杆数与过洞目标距离的敏感度降低,原因为此时一推进洞的可能性很小,因而一推距离短了问题也不是太大。

优化推杆给了我们很重要的启示:对于常见的 3 码的短推,其实一推并不容易进洞,因为平均杆数为 1.77。要想一杆推进,就需要敢于过洞,最佳过洞距离为 18 英寸,即过洞半码。这个数相当于推杆距离的[18/(10×12)]×100%=15%,这个比例不低,再次说明推杆要敢于过洞。

因而对于 1 码半(5 英尺)的短推,别废话,愣贯。

10 码(30 英尺)的中长推,要小心一些。这个距离一推很难进,因此策略为保二争一。由于正常推杆的方差为距离的 10%,10 码就会差 1 码,因此这时一推应少许减一点力。因为 1 码的距离在一推时占心理优势,但回推就不一样了。因为沮丧而手颤,对于业余球手 1 码回推往往会失手。

82 风的影响

风对推杆的精确度有何影响?首先要了解的是风速如何随高度变化,特别是果岭上高尔夫球位置的风速与气象学专家所讲的风速的关系。

天气预报中,气象学专家给出的是离地面 10 米高的风速,人们通常不关心接近地面的风速,航天员不关心低处的风速。因此,通常人们认为接近地面的风速是可以忽略的。图 132 表示一个典型的 10 英里/小时的风速图,10米高时为 10 英里/小时,但接近地面时风速趋向零,这是不正确的。

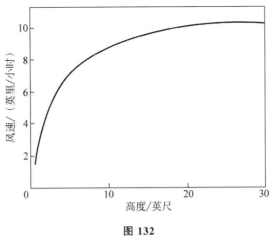

图 132

　　球手推杆时关心的是离地面 1 英寸高处的风速,我们知道这时风速不为零,因为可以看到被风吹搅动的树叶。风速测量表明,1 英寸高处的风速占 10 米处标准风速的一个相当大的比例,大约为 10 米处标准风速的 40%。由上面的例子可知,对于 10 英里/小时的标准风速,球位置的风速大约为 4 英里/小时,如图 133 所示。

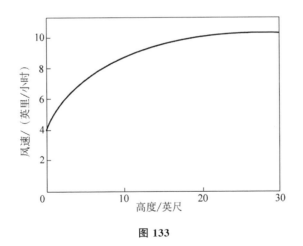

图 133

　　为计算推杆时空气阻力对球的影响,我们需要知道地面上的球受到的空气阻力与风速的关系。我们没有相应阻力系数 C_D 的测量数据,但可以参照位于地面上的球的 C_D 值进行估计,从速度上讲这个数为 $C_D = 0.4$。

　　计算球的轨迹时我们需同时考虑滚动摩擦和风阻的影响。摩擦的影响根据果岭速度来考虑。我们以一个 10 英尺的推杆为例研究与推杆路径相垂直的侧风对球的影响。

图 134 表示侧向风速为 3 英里/小时,5 英里/小时,10 英里/小时和 20 英里/小时情况下球的轨迹路径。3 英里/小时,5 英里/小时相当于标准风速的微风,10 英里/小时为强微风,20 英里/小时为强阵风(3 英里/小时为 1 级风,5 英里/小时为 2 级风,10 英里/小时为 3 级风,20 英里/小时为 5 级风)。

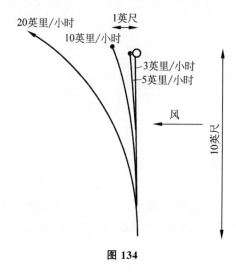

图 134

图 135 更直接地表示了侧风如何影响推杆。它展示了 10 码推杆时球的偏移与地面风速的关系。风速小于 2 英里/小时影响很小,这个风速下风更像将球吹进洞而不是将球吹跑。3 英里/小时风速时,球偏移为 10 英尺推杆标准差的一半。4 英里/小时的风速足以影响球的路径使其不能进洞,球手应认真对待。10 英里/小时的风速将使球偏离洞口 1 英尺,而风速为 20 英

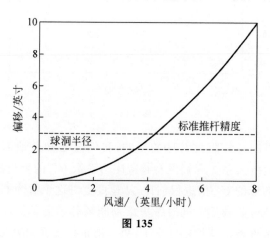

图 135

里/小时，风力会超过摩擦力，球被刮跑。当然，遇到这种强风时球手应离开球场躲到会所里。

以前以为地面风影响不大，看来以后要慎重。

83 偏心球

球是不完美的，球的材料不完全均匀，球的形状也不会完全对称。这意味着球存在偏心。偏心再小，在水平果岭上的推杆也会产生轻微的弧线。实际问题为偏心是否会对球的运动轨迹产生足够影响。考虑偏心最简单的方法是认为球的重心偏到几何中心的一侧，重心将位于球中心的某一方向，这个方向的半个球会稍微重些。为研究球的性能需要知道偏心的方向，如何做呢？

如果高尔夫球的密度低于水，在水中就会浮起来，轻的一边会朝上。实际上高尔夫球的密度是水的1.12倍。然而，如果将盐溶解在水里，水的密度会增加，可以使球浮起来。死海里水的密度是普通水的1.16倍。当球浮起来后它轻的一面朝上，这时可以用笔标注一下。

找5个球放在盐水中，球浮起后做上标记。一个推球高手在距洞口30英尺处推球，每个球分别将偏心放在左右两侧各推7次，记下每个球的最后位置及偏离目标线的距离。

球最后位置的分布具有随机性，问题是能否从这个分布中找出来偏心影响。偏心在左边时我们期望球向左运动，偏心在右边时期望球向右运动。图136表示试验结果，右偏心球距离左偏心球的平均距离为7.3英寸，统计分析表明不符合这个分布情况的概率只有1/1000。

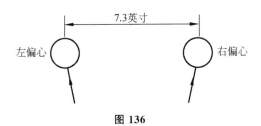

图 136

试验结果表明偏心造成每个方向超过3英寸的偏差。当然，实际推球时球的偏心不会正好处于最大处，因此30英尺推杆的影响将小于3英寸。然而，由于洞的半径是2英寸，偏心显然对长推影响很大。好消息是对于大多数球手来说推杆的不稳定性超过3~4倍的偏心影响。

84 泥球

除了球本身的偏心之外,还有一种偏心,即泥粘到球上造成的偏心。果岭上推杆时,可将球擦拭干净,但在果岭外推杆时,球需保持原状。

为研究这一影响,让球带一小块泥,质量为180毫克,这个质量是球质量的0.4%,大约为图钉质量的1/4。10个球左偏心,10个球右偏心,15英尺距离推杆。图137为测试结果,8个右偏心球停到右侧,9个左偏心球停到左侧。

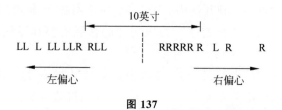

图 137

两种情况下球停止后左右偏离的平均距离是8.8英寸,即球偏心造成4.4英寸偏离。假设偏离正比于附加质量,则100毫克的泥将使一个15英尺的直推错失入洞。图138给出了100毫克质量的一块圆形泥巴的尺寸示意。

图 138

第九章 ● 一杆进洞 (Hole in one)

高尔夫的历史一直被令人激动的一杆进洞所点缀。第一个有记载的一杆进洞是由小汤姆·莫里斯(Young Tom Morris)在 1869 年的英国公开赛上打进的,当时他一杆打进 145 码的三杆洞,最后夺得冠军。作为天才的高尔夫球员,小汤姆·莫里斯不仅四次获得英国公开赛冠军,而且还保持着 17 岁的最年轻冠军纪录。然而,天妒英才,小汤姆·莫里斯 24 岁就不幸离世,令人嘘唏不已。

老汤姆·莫里斯(Old Tom Morris)也是一位职业球员,同时是现代高尔夫运动的创始人,也是圣安德鲁斯林克斯球场的管理者,他曾 4 次夺得英国公开赛冠军。

一杆进洞实属不易,连续打进一杆进洞更难。最亮眼的是 N. Manley,他于 1964 年在德雷谷乡村俱乐部(Del Valle Country Club)在第 7 洞(330码)和第 8 洞(290 码)连续打进两个 4 杆洞的一杆进洞(一杆进洞原指一杆打进一个三杆洞)。

找出最长距离的一杆进洞记录不容易,因为自然条件不同,如左狗腿(球道向左转)、斜坡等。在直洞条件下最长的一杆进洞是由美国学生 Bob Mitera 打进的,他用拽五完成了一个 447 码的一杆进洞,因为那是一个下坡球。

最激动人心的一杆进洞是英格兰莱特斯特郡(Leicestershire)的高尔夫球手 Bob Taylor 打出的。1974 年他在亨斯坦顿(Hunstanton)林克斯球场练习轮的第 16 洞,一个 188 码的三杆洞打入一杆进洞。之后在正赛的头两天他又两次一杆打进同一个洞,创造了连续三次在同一个洞一杆进洞的神话。

说起一杆进洞,在这里也要说说中国的故事,我的中欧同学秦劳(人称秦大侠)于 2014 年 1 月 17 日在三亚龙泉谷一场球打了两个一杆进洞。先是在 3 号洞,177 码的三杆洞,下坡,前旗,果岭左高右低,大秦抢圆 7 号铁,球落在果岭左侧,顺势滚入洞中。进洞后秦大侠边走边发饷,一袋银子顿时只剩半袋。哪曾想到了第 7 洞,又是一个三杆洞,155 码,秦大侠再发神威,中旗,还是 7 号铁,球直奔旗杆而去,又进洞了。果岭边等着签署前一个一杆进洞证书的球会工作人员近距离目睹了这个球神奇进洞的全过程,惊得目瞪口呆。球场顿时欢声雷动,秦大侠的钱袋子瞬时就爽空空了。秦劳的这个一场球两个一杆进洞的传奇故事,使得高尔夫这项盛行于西方的现代体育运动在古老中国"捶丸"的大地上绽放出新的火花。

85　一杆进洞的概率

是不是经常有人问,一杆进洞的概率有多大?提问者希望有个简单的答案,如说出一个比例1000∶1,然而,没有这么简单的答案。

一杆进洞的概率主要与两个因素有关,即球洞的长度和球手的能力,其他因素还包括诸如果岭周围是否有沙坑,果岭是否存在斜坡等。对于这些细节因素的考虑应有一个限度,这里我们考虑"典型"情况。尽管用于计算概率的信息相当分散,我们还是可以将它们归类为三个因素。首先,对于不同距离的球洞,通过试验找到球落地的位置和它们滚动距离的分布。第二,通过与球手讨论一杆进洞的成功或多数情况下缺乏这样的成功,得到对概率的一些了解。第三,看一些公布的概率估计。

例如,高水平球手倾向于用短一些的球杆击球,以增加球的倒旋减少球的滚动距离,然而这时会发现进洞概率反而降低了。当然,这个会由他们较高的击球准确度加以弥补。长洞在技术上的差别不大,因为要把距离打够,所有球员都要用木杆甚至拽五。

考虑上述因素,可以给出球手差点与球洞距离相对照的一杆进洞概率表,见图139。

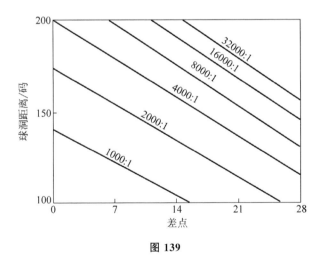

图 139

从图139中可见,正常情况下要想一杆进洞,一个100杆的人,要打2万场;90杆的人,4000~5000场总是要的;而对于80杆的高手,起码也要2000场,一年100场,也要打20年。所以,一辈子没打过一杆进洞属正常,打了一杆进洞算运气,赶紧掏钱请客吧。

两点说明，一是结果表示的是基于不同类型的球洞和不同条件的比赛的平均情况，二是这个概率估计仅为首次尝试，还需进一步研究改进。

86 多少？

我们现在估计一下已经有多少个一杆进洞。假设全世界正规打高尔夫的有 4000 万人，平均每人已打了 400 场，每场有 4 个三杆洞，即将有 640 亿个一杆进洞的机会。如果我们考虑 1/10000 的平均概率，将要有 640 亿/10000＝640 万个一杆进洞。这仅是一个粗略的估算，但 100 万个一杆进洞总没跑儿。

选 1/10000 的平均概率，有他的道理。因为 4000 万打球人中，大多数是业余球手，容易高估自己的差点，正所谓今天 79，明天 97。如果按 10000 场估算，每天打一场，一年风雨无阻就算能打 300 场，也要 33 年，才能弄个一杆进洞。如果你相信这个算法，从今天开始，每天打一场球，回来后再买一张彩票，最后，看看哪个运气先到。

高球力学——原理与应用

参 考 文 献

[1]　DAISH C B. The physics of ball games[M]. Hodder and Stoughton,1981.

[2]　COCHRAN A,STOBBS I . Search for the perfect swing[M]. Chocagp：Triumph Books,2005.

[3]　PELZ D. Dave Pelz's putting bible[M]. Aurum：Aurum Press,2002.

[4]　PENNER R. The physics of golf[C]//Reports on Progress in Physics,2003.

[5]　COCHRAN A J. Science and golf，proceedings of the meetings of the world scientific congress of golf[M]. London：Routledge,2010.

[6]　BROWNING R. A history of golf[M]. London：A & C Black,1955.

[7]　ROBINS B. New principles of gunnery [M]. Madrid：Richmond Publishing Company,1972.

[8]　SCHLICHTING H. Boundary layer theory[M]. New York：McGraw-Hill,1960.

[9]　MUNSON B R,YOUNG D F,OKIISHI T H. Fundamentals of fluid mechanics [M]. New York：Wiley,1998.

[10]　WESSON J. The science of golf[M]. New York：Oxford University Press,2009.

[11]　拉尔夫·曼.职业挥杆[M].张东明,译.北京：中国对外翻译出版公司,2003.

[12]　JORGENSEN T P. The physics of golf [M]. Second edition. Berlin：Springer Press,1999.

[13]　MALIK S,SAHA S. Golf and wind-the physics of playing golf in wind [M]. Berlin：Springer,2021.

参 考 文 献

[1] LINCE R. 等等等等等等 Incl.等等 Incl 等等等等等 GG等. 等等 等等等等等等等等
[2] KERR L R等等等等等等等. 等等等等等等等等等等等等等等 GG等. 等等等等等等等等等等等
    等等.

[3] TIRPUD TL等等. 等等等等 SUGG等等等等等等等等等等等等等等
    等等等等等等等等等等等等等等等等等等等等等等等等等等等等等等 INFG等等等等
[4] CIAN J J等等等等等等等等. 等等等等等等等等等等等等等等等等等等等等等等等等等
    等等等等等等等等等等等等等等等等等等等等等等.

[5] SHON J L等等等等等等等等等等等等 GGUGG等等 R等等等等等等等
    等等等等等等等等等等等等等等等等等等等等等等等等 GG等.等等等等等等等等等等等
    等等等等等.

[6] SUG等 H L等等等等等等等等等等等等等等等等等等等等等等等等等等等
    等等等等等等等. 等等等等等等等等等等等等等等等等等等等等等等等等等等等
    等等等等等等等等等等等等等等.

[7] WED等等 P等等等等等等等等等等等等等等等等等等等等等等等等等等等等等等等等
    等等等等等等等等等等等等等等等等等等等等等等等等等等等等等等等等等等.
[8] 等等等等等等 等等等等等. 等等等等等等等等等等等 等等等等等等等等等等等等等等等等等等
    等等等等等等.

[9] 等等等 S等等等等等等等等等等等等等等等. 等等等等等等等等等等等等等等等等等等等等等
    等等等 等等等等.